职业教育财经类专业教学用书

# 计算器与点钞技能实训
# （第 2 版）

徐翠梅　宋　锐　主编

U0256564

电子工业出版社·

**Publishing House of Electronics Industry**

北京·BEIJING

## 内 容 简 介

本书内容主要包括计算器简介、计算器操作知识与指法、计算器数字小键盘录入技术、翰林提操作知识、点钞操作知识与指法、真假货币的识别、票据的书写与鉴别等。本书突出"以就业为导向、以能力为核心",结合职业岗位群的实际需要与行业的标准,制订实训要求。本书将学生应掌握的各项技能分为两大模块若干单元,教学中可根据学生和学校教学设置的具体情况,选择与之对应的单元组织教学。在教学方式上突出学生动手能力的培养,使学生在"做中学、做中练",力求在快乐中学习。

本书既可作为职业院校财经商贸专业的教学用书,也可作为财经商贸专业的在职培训用书。

本书配有电子教学参考资料包,包括教学指南、电子教案及习题答案,详见前言所述。

**图书在版编目(CIP)数据**

计算器与点钞技能实训 / 徐翠梅,宋锐主编. —2 版. —北京:电子工业出版社,2015.3

职业教育财经类专业教学用书

ISBN 978-7-121-25556-4

Ⅰ. ①计⋯ Ⅱ. ①徐⋯ ②宋⋯ Ⅲ. ①电子计算器—中等专业学校—教材②商业服务—中等专业学校—教材 Ⅳ. ①O1-8②F718

中国版本图书馆 CIP 数据核字(2015)第 030878 号

策划编辑:徐 玲
责任编辑:郝黎明　　特约编辑:安家宁
印　　刷:涿州市京南印刷厂
装　　订:涿州市京南印刷厂
出版发行:电子工业出版社
　　　　　北京市海淀区万寿路 173 信箱　邮编 100036
开　　本:787×1092　　1/16　印张:6　字数:153.6 千字
版　　次:2010 年 6 月第 1 版
　　　　　2015 年 3 月第 2 版
印　　次:2023 年 12 月第 15 次印刷
定　　价:18.00 元

凡所购买电子工业出版社图书有缺损问题,请向购买书店调换。若书店售缺,请与本社发行部联系,联系及邮购电话:(010) 88254888,88258888。

质量投诉请发邮件至 zlts@phei.com.cn,盗版侵权举报请发邮件至 dbqq@phei.com.cn。

本书咨询联系方式:xuling@phei.com.cn。

# 前　　言

　　计算技能与点钞技能是我国职业院校财经商贸专业的主干课程之一，掌握计算与点钞技能，是学生进行能力培养、适应财经商贸专业岗位实际需要的一项重要举措。

　　珠算曾经是各行各业广泛应用的计算方法，然而，随着科学技术的发展，各种电子计算工具已逐步代替了传统的算盘。为适应这一划时代的变化，为满足财经商贸战线对技能人才的需要，我们编写了本书。

　　本书突出职业院校学生动手能力的培养，结合财会、金融、商贸行业的计算工具使用标准，制订实训要求，将学生应掌握的各项技能分为两大模块若干单元，教学中可根据学生和学校教学设置的具体情况，选择与之对应的单元组织教学，以适应不同的岗位需求。

　　本书立足职业院校财会、金融、商贸专业学生就业岗位群的实际要求，以就业为导向，以提高学生职业能力素质为主线，突出了学以致用的原则，在编写方面进行了大胆的创新。具体表现在以下几个方面。

　　（1）内容创新。系统介绍了计算器的使用，而且结合财会、金融、商贸等部门的工作实际，重点介绍账表算、传票算、票币算和技术等级鉴定运算技巧与方法，以及点钞的方法与技巧、假钞的识别方法、阿拉伯数字的书写、汉字数字的书写等基本业务素质和专门方法的训练。

　　（2）增加了翰林提方面的内容。翰林提是一种新的计算工具，功能强大，尤其应用在技能大赛时，总分、统分，排名，快捷、准确、方便，深受广大师生欢迎，因此，此次再版增加了翰林提方面的内容。

　　（3）配备了丰富的案例和图片。每个单元都有丰富的教学案例和图片，直观、通俗，便于理解和掌握。注重运用直观形象的操作示意图，力求深入浅出，图文并茂，通俗易懂。

　　（4）配备了充分的练习项目。计算器使用与点钞都是手工操作的技能系统，其技能、技艺有相当的难度，为突出学生的技能练习，理论知识以适度够用为原则，精选了大量实训案例，供学生课内外练习。每个单元后都设有一节针对性较强的"实训园地"（单元4因所讲内容翰林提训练机内带有很多练习，故不再设"实训园地"），便于学生更好地将理论运用于实践，提高运算速度和操作技能；单元1和单元6以理论知识为主，故添加了相应的课后练习。

　　（5）实训内容力求与行业考核标准接轨。在实训内容的编排上，力求与行业考核接轨，同时关注职业学校学生的特点，从单项技术入手，逐步过渡到整体技术；对于综合技术的训练，则按照从易到难的顺序分阶段进行安排。在教学中充分体现教师在做中教，学生在做中学；教得高兴，学得愉快。

　　（6）注重启迪心智。计算器使用与点钞都是一种有益的脑力活动，有效地进行计算、点钞练习，能使学生养成做事认真、工作一丝不苟的良好品质，使学生的素质在潜移默化中得到提高。

　　计算器具有携带方便、计算迅速、易学易会的特点，在教育启智功能上更是无法替代，在运算过程中手、眼、耳、脑并用，不仅能促进智力开发，而且能养成良好的学习习惯。

本书体例清晰、严谨，内容新颖、简洁。为便于学生学习，本书设有学习园地、阅读欣赏、知识链接、实训园地等栏目。

参加本书编写的教师，大都在计算器与点钞技能教学战线辛勤耕耘十多年，有娴熟的专业技能和丰富的教学经验。在教学时间安排上，建议计算器操作技能与实训、点钞操作技能与实训各 30 学时，总计 60 学时。具体的教学时间分配如下。

| 序　　号 | 课程内容 | 理　　论 | 实　　训 | 课　　时 |
|---|---|---|---|---|
| 1 | 计算器简介 | 1 | 2 | 3 |
| 2 | 计算器操作知识与指法 | 1 | 2 | 3 |
| 3 | 计算器数字小键盘录入技术 | 2 | 4 | 6 |
| 4 | 翰林提操作知识 | 4 | 8 | 12 |
| 5 | 点钞操作知识与指法 | 4 | 8 | 12 |
| 6 | 真假货币的识别 | 2 | 4 | 6 |
| 7 | 票据的书写与鉴别 | 2 | 2 | 4 |
| 8 | 机动 | | | 14 |

本书第 1 版出版以后，深受职业院校广大师生喜爱，已经重印 6 次。为适应计算技能和点钞技能的飞速发展，我们又重新组织参编教师，对教材进行了修订。在本次修订中，增加了翰林提方面的内容。翰林提以功能多、统分快，受到职业院校学生欢迎，在各地的技能竞赛活动中被广泛应用。

本书由徐翠梅、宋锐主编，汪文艳编写单元 1，黄华兰编写单元 2，晏美芝编写单元 3，黄华兰、陈桂荣编写单元 4，朱珍编写单元 5，王颖娟编写单元 6，蒋金枝编写单元 7。全书由方焰、何志勇主审。本书在编写过程中得到了业内许多专家学者的大力支持，在此一并致谢！

为方便教师教学，张志辉、涂小齐、张努、徐云等制作了电子教学参考资料包，包括教学指南、电子教案及习题答案（电子版），请有此需要的教师登录华信教育资源网免费注册后进行下载，有问题请在网站留言板留言或与电子工业出版社联系（E-mail：hxedu@phei.com.cn）。

由于时间和水平有限，本书不妥和疏漏之处在所难免，敬请广大读者指正。

编　者

2015 年 2 月

# 目　　录

## 模块 1　计算器操作技能与实训

## 模块 2　点钞操作技能与实训

# 模块 1　计算器操作技能与实训

## 导读

　　信息社会科学技术日新月异，计算器的使用越来越普及，这是社会前进、科技发展的必然结果。计算器操作技能，是财经商贸专业岗位群的一项很重要的基本技能，熟练掌握计算器操作技能，是每一名财经商贸学生都应该做到的。

　　熟练地操作计算器，不难，同学们都可以做到，秘诀就是勤学苦练。计算器具有携带方便、计算迅速、易学易会的特点，在教育启智功能上更是无法替代的，在运算过程中手、眼、耳、脑并用，不仅能促进智力开发，而且有助于使用者养成良好的学习习惯。

　　翰林提是一种更新型的计算器，功能更全面、速度更快捷、使用更方便，熟练地使用翰林提也是对同学们的基本要求。

　　要想成为一名真正合格的、能适应财经岗位要求的专业人才，同学们还要继续努力，在下一个模块里，我们还有新的知识、新的技能需要同学们去学习、去掌握。

　　让我们振奋精神，投入到本模块的学习中去吧！

# 单元 1　计算器简介

## 学习园地

【学习目标】通过本单元的学习，要解决以下问题：

● 了解计算器的发展及基本结构；

● 了解计算器的种类；

● 掌握计算器功能键的使用方法；

● 掌握计算器屏幕不同字符显示的含义；

● 掌握计算器的选购和故障处理。

本单元通过对电子计算器的介绍，使学生掌握计算器的各项功能，并通过一系列的实训使学生掌握计算器基本功能键的使用，为将来更好地应用计算器打下基础。

## 阅读欣赏

计算机的前身是"计算器"，是为了方便运算而发明的。在古代中国，人们使用手动的算盘进行简单的运算，到了 1642 年，年仅 19 岁的法国伟大科学家帕斯卡引用算盘的原理，发明了第一部机械式计算器，在他的计算器中有一些互相连锁的齿轮，一个转过十位的齿轮会使另一个齿轮转过一位，人们可以像拨老式电话号码盘那样，把数字拨进去，计算结果就会出现在另一个窗口中，但是只能做加减计算。1694 年，莱布尼兹在德国将其改进成可以进行乘除的计算器。此后，一直到 20 世纪 50 年代末才有了电子计算器的出现。

早期的计算器只能做运算，而不能存储结果。1833 年，"计算机之父"——英国的科学家巴比奇构想出一部能够存储的机械式计算机，但直到他去世时仍无法实现。

英国年轻的企业家、发明家克里夫·辛克莱，自学成才，发明了世界上第一部真正的袖珍计算器、第一台袖珍电视机。1972 年，当这种可以装在衣袋里的电子计算器刚刚问世时，曾经轰动了全世界。他早期的发明，还有 1975 年英国的第一块电子手表"黑金刚表"等。英国的 240 万台家用计算机中，有一半是以他的名字命名的。他计划在 21 世纪 20 年代末，研究出世界上最先进的电子计算机汽车。

## 1.1　电子计算器的产生与发展

最早的计算工具诞生在中国。中国古代采用的一种计算工具叫筹策，又称算筹。这种算筹多用竹子制成，也有用木头、兽骨充当材料的，约 270 枚一束，放在布袋里可随身携带。

直到今天仍在使用的珠算盘，是中国古代计算工具领域中的另一项发明，明代时的珠算盘已经与现代的珠算盘基本相同。

17 世纪初，西方国家的计算工具有了较大的发展。英国数学家纳皮尔发明了"纳皮尔算筹"，英国牧师奥却德发明了圆柱形对数计算尺，这种计算尺不仅能做加减乘除、乘方、开方运算，甚至可以计算三角函数、指数函数和对数函数。这些计算工具不仅带动了计算器的发展，也为现代计算器的发展奠定了良好的基础，成为现代社会应用广泛的计算工具。

20 世纪 50 年代末才出现了电子计算器，这种电子计算器能打印多种形式的报表，直接为管理服务，为决策者提供商品销售、内部管理、业绩统计、雇员考评等方面的客观依据。

## 1.2　电子计算器的构成与种类

### 1．电子计算器的基本样式

计算器分为普通型计算器、科学型计算器、程序型计算器和专用可打印型计算器等类型，其主要样式如图 1-1～图 1-4 所示。

图 1-1　普通型计算器　　　　图 1-2　科学型计算器　　　　图 1-3　程序型计算器

图 1-4　专用可打印型计算器

### 2．计算器的基本组成

计算器这一小小的程序机器实际上是从计算机中割裂出来的衍生品,但因其方便快捷的操作模式,已经被广泛应用于工程、学习、商业等日常生活中,极大地方便了人们对于数字的整合运算。

计算器一般由运算器、控制器、存储器、键盘、显示器、电源和一些可选外围设备组成。低档计算器的运算器、控制器由数字逻辑电路实现简单的串行运算,其随机存储器只有一两个单元,供累加存储用。高档计算器由微处理器和只读存储器实现各种复杂的运算程序,有较多的随机存储单元以存储输入的程序和数据。键盘是计算器的输入部件,一般采用接触式或传感式,为减小计算器的尺寸,一键常常有多种功能。显示器是计算器的输出部件,有发光二极管显示器和液晶显示器等。除显示计算结果外,还常有溢出指示、错误指示等。计算器电源采用交流转换器或电池,电池可用交流转换器或太阳能转换器再充电。为节省电能,计算器都采用CMOS 工艺制作的大规模集成电路,并在内部装有定时不操作自动断电电路。计算器可选用的外围设备有微型打印机、磁卡机等。

### 3．电子计算器与电子计算机的区别

计算器只是简单的计算工具,有些机型具备函数计算功能,有些机型具备一定的存储功能,但一般只能存储几组数据。

计算机则具备复杂的存储功能、控制功能,更加强大,在中国俗称"电脑"。

计算器和计算机都能够实现数据的录入、处理、存储和输出,但计算器区别于计算机的是,它不能自动地实现这些操作过程,必须由人来操作完成。而计算机通过编制程序能够自动进行处理。所以,以自动化程度来区别二者,就在于是否需要人工干预其运行。

实际上计算器和计算机还有另一个本质性的区别。计算器使用的是固化的处理程序,只能完成特定的计算任务；而计算机借助操作系统平台和各类应用软/硬件,可以无限扩展其应用领域。也就是说,是否具有扩展性是两者的本质区别。

单片机又称单片微控制器,它不是完成某一个逻辑功能的芯片,而是把一个计算机系统集成到一块芯片上的产物。概括地讲,一块芯片就成了一台计算器。在计算器应用与智能化控制的科学家、工程师手中,它和计算机的本质相同,可以开发出针对各类电子电气产品的应用,如洗衣机。但对于用户来说,他们并不需要知道洗衣机里单片机的接口和编程语言,只要能操作就行了。因此,单片机用于某个具体的电子产品上就需要配合简捷、方便的人机界面,用户只使用它的特定功能。

### 4．电子计算器的种类

随着计算器的不断发展,人们对计算器的需求也在扩大。市面上计算器种类繁多,本书以易能通计算器的几种型号为例进行简单的分类。

（1）按功能分：有算术型计算器、科学型计算器和程序型计算器 3 种。

（2）按规格分：有大型、中型、小型 3 种。

（3）按用途分：有普通型计算器、专用型计算器 2 种。

（4）按显示屏的位数分：有 8 位计算器、10 位计算器、12 位计算器、16 位计算器 4 种。

### 5．相关信息

Windows 系统自带计算器，并可在标准型计算器和科学型计算器之间进行切换。

打开方式如下。

（1）开始→程序→附件→计算器。

（2）开始→运行→输入"calc"。

（3）通过网页调用本机程序实现在线计算器的所有功能。

打开程序后，可在"查看"菜单中进行科学型/标准型之间的切换。

## 1.3　计算器的特点与功能键操作

### 1．电子计算器的特点

计算器在市场上应用广泛。它具有以下优点。

（1）操作简便。

（2）运算速度快，准确性强。

（3）有较好的通用性。

（4）成本低。

（5）携带性、稳定性好。

但计算器易受潮，内部电子器件容易损坏，使用寿命有限。

### 2．电子计算器功能键的操作

ON/C：上电/全清键，按下该键表示上电或清除所有寄存器中的数值（All Clear）。

AC：清除键，在输入数字期间，第一次按下此键将清除除存储器内容外的所有数值（All Clear）。

CE：清除输入键，在输入数字期间，按下此键将清除输入寄存器中的值并显示"0"（Clear Enter）。

OFF：断电关机键。

→：提供退格键功能。

%：求百分比。

GT：总数之和，按了等号后得到的数字全部被累计，按 GT 键后显示累计数（Grand Total），再按一次清空。

MU：按下该键完成利率和税率计算。如加价计算 100+100×5%=105，可用此种方法计算（100×5 MU=105）（Mark-up and Mark-down）。

MRC：第一次按下此键将调用存储器内容，第二次按下时清除存储器内容（Memory Recall Clear）。

MR：储存读出键（调用存储器内容）（Memory Recall）。

MC：累计清除键或记忆式清除键（只清除存储器中的数字，不清除当前显示屏上的数字）（Memory Clear）。

MS：将显示的内容存储到存储器（Memory Save）。

M−：从存储器内容中减去当前显示值，中断数字输入（Memory −）。

M+：把目前显示的值放在存储器中，中断数字输入（Memory +）。

$\sqrt{\ }$：求平方根。

+/−：转换当前值的正负。

$\boxed{\text{F 4 2 0 A}_{\text{DD2}}}$：小数点选位键，指针拨到 F 处表示不改变原来输入；指针拨到指定的数字表示分别保留 4、2、0 位小数；指针拨到 $A_{DD2}$ 处则自动设定两位数，若输入 100 变成 100.00，10.5 变成 10.50，若输入 3.56，只要输入 356 即可（注意：只对加减有效，乘除无效）。

↓（CUT）5/4 ↑（UP）：四舍五入键，指针拨到 ↓（CUT）表示指定位数的小数全部向下舍去；指针拨到 ↑（UP）表示指定位数的小数全部向上取入；指针拨到 5/4 表示指定位数的小数四舍五入。

## 1.4  计算器屏幕上不同字符显示的含义

在计算器屏幕上做不同的操作时，可能会出现以下几种字符，现对其含义进行简单的介绍。

M：存储数字符，当按下 M 键时，计算器会把当前屏幕的数字保存到记忆体里，供下次使用。

GT：计算总和符，表示之前乘法或者除法的运算总和。

−：显示当前数字为负值。

E：出错提示符，当输入的数字超过计算器本身的位数或计算的答案超过显示的位数时会进行提示。

## 1.5  计算器的选购与故障处理

### 1. 计算器选购方法

（1）看速度。计算器的计算速度一定要快，还要保证得数不能错。

（2）看按键的灵活度。计算器的每个按键一定要灵活自如，要按得出数字，每个按键都要按，以免影响计算。

（3）看屏幕是否清晰，有无痕迹。计算器一定要屏幕清晰、无痕迹，不应有混乱的数字显示。检查方法有两个：一是连续按数字 8，便可检测数字是否完整；二是检测小数点是否能显示（每位都要检查）。

（4）看外围有无受损。如受损，别选购它，受损计算器的电子零件有可能会掉下来，损坏计算器。

### 2．计算器故障处理

（1）开机后显示暗淡或时亮时暗。先测量使用的电池电压是否正常，若正常，可进一步检查电池弹簧压力是否足够、接触是否良好。如有问题，可拉长弹簧片或用细砂皮打磨电池极片接触处。

（2）开机后有数字显示但不能运算。用万用表检查线路板，看集成电路块端子间是否短路，用万用表检查集成块键盘输入端子（对于 L1-3033E 片子为 24～29 脚）的电压值，正常值应为 0.12V 左右，否则可能是集成块已坏。若电压正常，但不能运算，可能是键盘接触不良，线路板有异物、线路板开路或按键被卡住等。

 **实训园地**

【综合实训】计算器功能键使用训练

实训项目：计算器功能键的熟悉使用。

实训目的：通过实训，使学生清楚地了解计算器中每个功能键的作用与方法。

实训时间：20 分钟。

### 1．功能键熟悉训练

（1）要求每位学生熟悉并掌握功能键的位置。

（2）要求每位学生能在教师的提醒下准确地说出功能键的用途。

具体操作：看、记，能够用盲打的方式找出相应键的位置。

### 2．功能键实际操作训练

（1）动脑筋，想一想。

$4×5+5×6+6×7+7×8=?$

$4×5+5×6-9×10=?$

（2）某商场的 A 商品因销售情况较好，在春节期间准备涨价 10%，原价为 105 元/件。请运用功能键迅速算出涨价后的商品单价。

（3）收银员小李在某日 6 小时当班期间清点钱币如下：钱箱内有百元大钞 59 张，五十元 78 张，二十元 96 张，十元、五元各 49 张，一元 109 张，五角 56 张和硬币 89 枚，一角 23 张和硬币 127 枚。请利用功能键迅速地帮小李算出钱箱内的总金额。最好使用两种不同的方法。

**课后练习**

**一、单项选择题**

1. 世界上最早的机械式计算器是法国伟大科学家帕斯卡引用算盘的原理在（　　）发明的。

　　A．1860 年　　　　B．1960 年　　　　C．1642 年　　　　D．1940 年

2. 发明第一台真正的袖珍计算器的国家是（　　）。

　　A．美国　　　　　B．日本　　　　　C．英国　　　　　D．德国

3. 最早的计算工具诞生在中国。中国古代最早采用的一种计算工具叫筹策，又称（　　）。

　　A．算筹　　　　　B．算盘　　　　　C．计算尺　　　　D．计算机

4. 一般办公室内常用的计算器是（　　）。

　　A．程序型计算器　　　　　　　　　B．函数型计算器

　　C．普通型计算器　　　　　　　　　D．专用型计算器

5. 当计算器屏幕上显示 M 时表示的含义为（　　）。

　　A．总和计算　　　　　　　　　　　B．输入位数过长

　　C．存储记忆　　　　　　　　　　　D．错误提示

6. 计算器键盘上 GT 键的作用是（　　）。

　　A．清除键　　　　B．总数之和　　　C．退格键　　　　D．记忆键

7. 当正常进行电子计算器操作时，将 123,456 输成 123,457，这时可以执行（　　）键进行简单更改。

　　A．MU　　　　　B．AC　　　　　　C．GT　　　　　　D．←

**二、多项选择题**

1. 电子计算器的特点是（　　）。

　　A．操作简便　　　　　　　　　　　B．运算速度快，准确性强

　　C．有较好的通用性　　　　　　　　D．成本低

　　E．携带性、稳定性好

2. 电子计算器按显示屏的位数分，可分为（　　）。

　　A．8 位　　　　　B．12 位　　　　　C．10 位　　　　D．16 位　　　　E．15 位

3. 计算器一般由（　　）和一些可选外围设备组成。

　　A．运算器　　　　B．控制器　　　　C．存储器　　　　D．键盘　　　　E．电源

4. 普通型计算器上的选位键 $\boxed{\text{F 4 2 0 A}_{DD2}}$ 可以保留小数的位数为（　　）。

　　A．0 位　　　　　B．1 位　　　　　C．2 位　　　　　D．3 位　　　　E．4 位

5. 在普通型计算器中，（　　　）键有清除功能。

    A. ON/C　　　　　B. CE　　　　　C. AC　　　　　D. MU　　　　　E. GT

6. 普通型计算器屏幕上可能显示的字符为（　　　）。

    A. M　　　　　B. E　　　　　C. –　　　　　D. GT　　　　　E. M+

### 三、判断题

1. MU 键是普通型计算器中用来计算利率和税率的键。　　　　　　　　（　　）

2. 计算器易受潮，内部电子器件容易损坏，使用寿命有限。　　　　　（　　）

3. M 键：存储数字符，当按下此键时，计算器会把当前屏幕的数字保存到记忆体里，供下次使用。　　　　　　　　　　　　　　　　　　　　　　　　　　　　（　　）

4. ↓（CUT）5/4↑（UP）：四舍五入键，指针拨到↓表示指定位数的小数全部向下舍去；指针拨到↑表示指定位数的小数全部向上取入；指针拨到 5/4 表示指定位数的小数四舍五入。　　　　　　　　　　　　　　　　　　　　　　　　　　　　　　　　（　　）

5. 钱币金额的计算可以用 GT 键或 MU 键得到相应的答案。　　　　　（　　）

6. 19×5+8×9+6×7+7×8 可以用 GT,=或 M+,MRC 配合使用完成。　（　　）

7. MRC 键：第一次按下此键将调用存储器内容，第二次按下时清除存储器内容。（　　）

### 故事趣闻

#### 一台计算器，两次跑营口

    现在的计算器，家家都有，人人会用，实在平常，不足为奇。可是在 1976 年的昭盟（现属于内蒙古自治区），那可是一件人见人爱的稀世宝贝。那年的 12 月下旬（当时尚归辽宁省管辖），单位领导找到小张取出一张上级拨货单，地点：辽宁营口无线电 17 厂，要求三天取回电子计算器，以便在年报汇总时使用。小张刚到统计局时间不长（还在学徒阶段），年轻利索，干些出差打杂之类的工作。年报在即不敢怠慢，当天出发转道沈阳直奔营口，第二天厂家开箱交验，一切正常，当夜冒雪返程。第三天到家，全局上下如获至宝，因为这全盟第一台计算器（电子管式）预示了统计人员的工作效率可以大大提高（速度慢、误差大的传统算盘和手摇式计算器难以快捷地完成大量数据的计算任务）。高兴之余，好景不长。次日早晨上班，局长打开计算器，只见屏幕上数字显示残缺不全，电子乱码叠起，无法正常工作。"怎么会这样？"局长问，小张此刻脑子真是一片空白，是啊！在厂家已经验收过了，小张说不清楚问题出在哪里。为了不影响全盟年报的汇总，当天只好不辞辛苦重返营口寻找问题。

    当小张抱着计算器到厂家要求重新测试时，"你们办公室是恒温的吗？"技术员开口就问，哦！小张仿佛感觉到问题的所在了。那台计算器在厂家恒温条件下显示正常，而到了靠生火炉取暖、昼夜温差大的办公室（当时的盟政府大院冬季全是烧煤取暖）就无法正常显示了。长途跋涉终得要领，环境温度今生难忘，拖着疲惫的脚步望着辽南的雪景，小张终于放松地躺在 1977 年元旦的列车上。

# 单元 2 计算器操作知识与指法

 学习园地

【学习目标】通过本单元的学习，要解决以下问题：
● 了解计算器的基本操作知识；
● 掌握录入数据时的指法；
● 掌握如何进行盲打练习。

本单元通过对计算器操作知识的介绍，使学生基本掌握计算器的使用方法，并通过实训，使学生熟练地掌握操作指法，为将来从事财经工作打下良好的基础。

## 2.1 计算器录入的标准姿势

标准的计算器录入姿势应当能使人长时间、舒适地进行录入工作，既有利于身体健康，又给人以美感。

### 1．身体

上半身应保持颈部直立，使头部获得支撑，两肩自然下垂，上臂贴近身体，手肘弯曲呈90°，腰部挺直，操作小键盘，尽量使手腕保持水平姿势，手掌中线与前臂中线应保持一条直线。下半身膝盖自然弯曲呈 90°，并维持双脚着地的坐姿。不要交叉双脚，或单脚立地，以免影响血液循环。身体坐姿如图 2-1 所示。

### 2．物品摆放

计算器录入需要以下物品：计算器、计算资料、笔等。在摆放这些物品之前要注意保持桌面干净、平整。

（a）

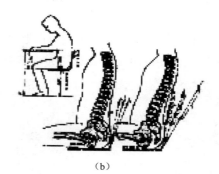

（b）

图 2-1　身体坐姿

计算器及计算资料的摆放要合适，将计算器置于右手处，计算资料平摊于左手处，始终保持身体的中轴位置（见图 2-2 和图 2-3）。

图 2-2　计算器及计算资料的摆放

图 2-3　手的操作

## 3．手指

右手腕和手肘成一条直线，手指弯曲自然适度，轻松放于基本键上（见图 2-4）。在操作时不要将手腕置于桌面上（见图 2-5），这样有利于减少操作时因摩擦对手腕腱鞘等部位的损伤。敲击键盘时用力轻松适中为好，不要用腕力而尽量靠臂力做，减少手腕受力。

图 2-4　规范的姿势

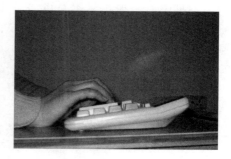

图 2-5　不规范的姿势

## 4．握笔

运算时应养成良好的握笔习惯，以提高工作效率。下面介绍三种握笔方法，可根据计算内容及个人情况选择。

（1）右手握笔：以小指和大拇指握笔为主，当小拇指按键时大拇指握笔，当大拇指按键时小指握笔，以便及时记录计算结果，节省拿、放笔时间（见图2-6）。

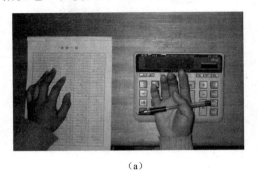 

（a）　　　　　　　　　　　　　　　　（b）

图2-6　右手握笔

（2）左手握笔：以小指和无名指将笔钩住，使之横握在手心；需要用笔书写时，换右手书写，写完后恢复左手握笔（见图2-7）。

（a）　　　　　　　　　　　　　　　　（b）

图2-7　左手握笔

（3）不握笔：一般不采用，只在进行传票算时使用，将笔置于计算器与传票之间（见图2-8）。

图2-8　不握笔

## 2.2　计算器录入的基本指法

所谓指法，就是将计算器键盘的各个键位固定地分配给五个手指。具体分配如表 2-1 所示。

表 2-1　键位分配

| 键　位 | 指　法 |
| --- | --- |
| 1、4、7、−、CE | 食指 |
| 2、5、8、00 | 中指 |
| 3、6、9、. | 无名指 |
| +、−、×、÷ | 小指 |
| AC、0 | 大拇指 |

基本操作要求如下。

（1）其中 4、5、6 为基本键位，将中指放于 5 上，可感觉到此键处有一个凸出的圆点，是计算器的核心键位，依次将食指和无名指落于 4、6 上。

（2）食指上移、下移分别为 7、4；中指上移、下移分别为 8、2；无名指上移、下移分别为 9、3。

（3）每次敲击完一组数据后将手指回落于基本键位，如图 2-9 所示。

图 2-9　基本指法

 **实训园地**

【实训一】基础指法训练

实训项目：基础指法练习。

实训目的：通过练习，使学生熟悉计算器运算的基础指法，进而为计算器盲打创造条件。

实训时间：30 分钟。

（1）（123+456+789）+（123+456+789）+（123+456+789）+（123+456+789）

（2）（147+258+369）+（147+258+369）+（147+258+369）+（147+258+369）

（3）123,456,789+123,456,789=……（连续加 10 次）

（4）1,357,924,680+1,357,924,680=……（连续加 10 次）

（5）1,020,304,050+1,020,304,050=……（连续加 10 次）

【实训二】听打训练

实训项目：10 名学生为一组，每名报一组 5～11 位的数字，其他学生对这 10 组数字进行加总。

实训目的：通过练习，进一步加强学生对数字的反应能力，为今后更快、更准确地进行运算打好基础。

实训时间：20 分钟。

【实训三】盲打训练 1

实训项目：横行相加写出答案。

实训目的：通过练习，培养运算时不看计算器，为熟练使用计算器做好准备；进行右手握笔的练习。

实训时间：10 分钟。

实训资料：如表 2-2 所示。

表 2-2　盲打横行相加表

| | | |
|---|---|---|
| 928,401 | 13,708 | |
| 53,786 | 2,495 | |
| 7,562 | 873,026 | |
| 80,416 | 31,459 | |
| 2,903 | 724,531 | |
| 457,196 | 5,968,734 | |
| 1,029,487 | 4,869 | |
| 367,850 | 9,801,734 | |
| 6,492 | 652,013 | |
| 530,821 | 1,409 | |
| 87,563 | 76,582 | |
| 3,196,704 | 931,470 | |
| 4,251 | 43,852 | |
| 2,730 | 8,619 | |
| 618,594 | 356,027 | |

【实训四】盲打训练 2

实训项目：纵行相加写出答案。

实训目的：通过练习，培养运算时不看计算器，为熟练使用计算器做好准备，可选择左手握笔。

实训时间：20 分钟。

实训资料：如表 2-3 所示。

表 2-3　盲打纵行相加表

| 3,247 | 9,326 | 592,473 | 18,056 | 3,095 | 58.03 | 751.96 | 9,873.05 | 9,783.24 | 18.64 |
|---|---|---|---|---|---|---|---|---|---|
| 185,690 | 407,158 | 10,856 | 6,327 | 768,140 | 8,694.21 | 12.80 | 41.26 | 46.05 | 679.25 |
| 57,036 | 71,693 | 8,027 | 357,198 | −90,854 | 172.34 | 5,843.79 | 308.97 | 317.90 | 4,517.60 |
| 2,948 | 6,425 | 96,134 | −9,703 | 8,374,601 | 96.27 | 46,102.37 | 62.45 | −62.57 | 50,832.97 |
| 789,563 | 382,150 | 4,368,025 | 708,249 | −512,376 | 254.60 | 60.95 | 74,593.21 | 73,821.45 | 8,329.46 |
| 62,941 | 27,801 | 791,236 | 5,132,896 | 1,952 | 4,579.83 | 8,423.07 | 5,180.69 | −5,017.83 | −260.59 |
| 4,501,378 | 109,743 | 6,741 | −86,421 | −47,893 | 30,786.19 | 218.64 | 268.14 | 251.08 | 71.03 |
| 9,062 | 8,673,524 | 298,504 | 2,045 | 620,784 | 6,127.85 | 3,769.51 | 8,356.01 | 8,934.61 | −9,143.87 |
| 891,534 | 54,180 | 30,975 | −451,278 | −2,160 | 793.21 | 940.23 | 13,759.00 | −147.86 | 39.65 |
| 47,201 | 6,951 | 2,146 | 18,064 | 54,396 | 50.94 | 7,823.95 | 50.42 | 9,067.00 | −763.21 |
| 136,529 | 208,374 | 379,451 | 469,837 | 905,827 | 1,045.36 | 64.70 | 27,983.64 | −54,902.38 | 6,024.18 |
| 8,420,735 | 79,651 | 6,028 | −3,056,249 | −6,082,749 | 287.59 | 31,598.06 | 1,062.89 | 1,235.94 | −38,506.24 |
| 98,670 | 4,982,036 | 754,193 | 2,910 | 310,625 | 62,830.41 | 4,721.83 | 734.05 | −394.21 | 482.05 |
| 520,741 | 7,043 | 1,872,930 | −87,053 | 71,439 | 43.08 | 910.74 | 4,097.53 | 2,706.35 | −94.17 |
| 3,968 | 902,514 | 56,804 | 719,635 | 8,153 | 9,275.61 | 85.26 | 80.76 | 80.76 | 8,951.70 |
|  |  |  |  |  |  |  |  |  |  |

# 单元 3　计算器数字小键盘录入技术

 **学习园地**

【学习目标】通过本单元的学习，要解决以下问题：
- 掌握计算器键盘的结构、操作姿势与指法；
- 掌握计算器小键盘账表算的技能；
- 掌握计算器小键盘传票算的技能；
- 掌握计算器小键盘票币算的技能。

本单元通过对计算器小键盘数据录入技术的介绍，使学生了解计算器键盘的结构及其基本操作方法，并通过一系列的训练，培养学生熟练掌握账表算、传票算和票币算等操作技能，为将来走上职业岗位奠定良好的基础。

## 3.1　计算器键盘的结构、操作姿势与指法

### 1．计算器键盘结构

小型电子计算器的键盘分为三大区域，如图 3-1 所示。

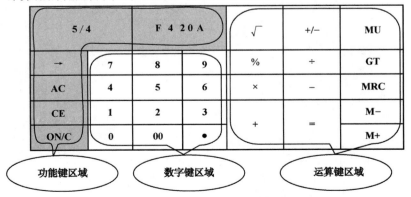

图 3-1　小型电子计算器的键盘分区

**2．计算器操作姿势与指法**

（1）姿势。坐姿端正、放置合适（计算器放在右手边）、握笔正确、精力集中。

（2）指法。

① 小键盘的基准键位。

| 4 | 5 | 6 |

分别由右手的食指、中指和无名指负责。

② 在基准键位基础上，小键盘左侧自上而下的键位。

| 7 | 4 | 1 | 0 | 键，由食指负责。

| 8 | 5 | 2 | 00 | 键，由中指负责。

| 9 | 6 | 3 | ● | 键，由无名指负责。

| ÷ | × | − | + | = | 等键，均由小指负责。

（3）正确操作按键。为了避免在使用计算器的过程中，由于使用不当导致发生错误，按键时必须注意以下几点。

① 放置平稳后按键。

② 按键用力要适中。

③ 按键要垂直用力。

④ 一次只能按一个键。

## 3.2　计算器账表算的技能

**1．账表算的基础知识**

账表算是在日常经济工作中应用较多、要求较高的一项计算业务。在经济业务中，企业部门的会计核算、统计报表、财务分析、计划检查等业务活动，其报表资料的数字都是通过会计凭证的计算、汇总而获得的。而报表、汇总表均属于表格计算，通过这些报表汇总运算，取得有效数字，从而为有关部门制定政策提供数字依据，可见账表算是财会工作者日常工作中的一项很重要的基本功。

（1）什么是账表算。账表算又称表格算，是指把纵行运算与横行运算合并于一张表格中，用横行和纵行加减计算，最后求得两个总数相等（俗称"轧平"）的运算方法。

（2）账表算的结构。账表算的基本结构如表 3-1 所示。账表算的一张表格由 5 列 20 行组成，其中横向 20 个算题，纵向 5 个算题。要求纵、横轧平，算出总计数。

表 3-1　账表算的基本结构

| 题　号 | 一 | 二 | 三 | 四 | 五 | 小　计 |
|---|---|---|---|---|---|---|
| 1 | 8,307,917 | 54,907,328 | 1,260 | 65,932 | 546,178 | |
| 2 | 54,078,329 | 678,041 | 68,932 | 2,694,513 | 1,057 | |

续表

| 题　号 | 一 | 二 | 三 | 四 | 五 | 小　计 |
|---|---|---|---|---|---|---|
| 3 | 1,567 | 83,596 | 52,093,784 | −807,421 | 3,142,906 | |
| 4 | 204,856 | 1,027 | 7,346,519 | 14,390,768 | 89,235 | |
| 5 | 69,312 | 2,456,391 | 451,087 | 5,870 | 62,897,403 | |
| 6 | 90,782,563 | 3,571,486 | 2,934 | 40,165 | 781,092 | |
| 7 | 3,175,428 | 793,062 | 86,501 | 93,054,876 | 2,149 | |
| 8 | 4,916 | 42,350 | 31,651,478 | 710,982 | 97,356,280 | |
| 9 | 7,196,208 | 9,418 | 96,325,087 | 3,642,715 | 40,635 | |
| 10 | 56,430 | 79,285,160 | 271,409 | 3,982 | −8,637,514 | |
| 11 | 38,701 | 460,295 | 95,412,837 | −2,830,467 | 1,659 | |
| 12 | 94,025,873 | 5,893,164 | 146,920 | 6,179 | 37,028 | |
| 13 | 7,613,548 | 31,780 | 5,296 | 98,127,043 | 254,906 | |
| 14 | 2,196 | 95,704,238 | 37,180 | 590,426 | 7,638,415 | |
| 15 | 425,609 | 2,167 | 7,560,438 | 85,139 | 92,781,034 | |
| 16 | 67,943,520 | 657,210 | 8,127 | 19,483 | −4,938,560 | |
| 17 | 19,743 | 86,530,924 | 4,967,358 | 7,012 | 486,012 | |
| 18 | 8,205 | 17,348 | 621,509 | 4,678,539 | 60,743,921 | |
| 19 | 250,618 | 4,716,983 | 10,943 | 38,405,627 | 9,572 | |
| 20 | 8,631,947 | 5,290 | 74,632,085 | 612,059 | 13,784 | |
| 合　计 | | | | | | |

①　账表中各行数字最少 4 位，最多 8 位。纵向 5 个算题，每个算题 20 行，约 120 个字码，由 4～8 位数各一行组成；横向 20 个算题，每题 5 个数，约 30 个字码；纵、横均为整数，不带角分。

②　每张账表中有 4 个减号，纵向第四、五题中各有两个，并分别排在横向 4 个题中。

③　账表算的计分方法：账表算每张表满分 200 分，其中纵向题每题 14 分，计 70 分；横向题每题 4 分，计 80 分；纵、横轧平再加 50 分（横向或纵向任错一题，即使轧平数正确仍不得分）。

**2. 账表算的操作方法**

（1）计算器和报表的位置。计算器与报表尽量接近，以便看数、敲键、抄写答数能快速进行（见图 3-2）。

图 3-2　计算器与报表的位置

（2）功能键的设定。由于账表算均为整数，所以可将功能键——$\boxed{F\,4\,2\,0\,A_{DD2}}$定位在"0"。

（3）眼、手的配合。看数：计算器运算，首先遇到的是看数。看数快与准直接影响到以后计算的速度和准确率。看数一般从位数较少的开始，循序渐进。最好一开始就养成一眼一笔数的好习惯，如果不能这样做，也可以分节看数，看数时万、千、百、十、个等位数和元、角、分等单位可不记，如 487,683.25 可以一次看完记住，也可以分为 487—683.25，还可以分为 487—683—25 看，分节次数越少越有利于运算速度的提高。看数的同时，右手立即输入，做到边看边输（盲打）。看数时应注意以下三方面的问题。

① 尽量缩短计算资料与键盘的距离。

② 看数时切忌念出声音。

③ 看数时头不要上下或左右摆动。

（4）账表算合计数字的书写。计算完毕，将小键盘上的答案记录下来，这是运算的最后一个环节。表面上看抄写数字与计算关系不大，但一道题的正确与否，除取决于运算是否正确外，还与抄写数字有较大关系。一是数字抄写是否准确、清晰、整齐；二是抄写是否快捷。

在运算过程中，要养成笔不离手的习惯，写数时，应在准的基础上求快。要养成盯盘写数的好习惯，这就要锻炼眼睛捕捉盘上数字的能力。当一道题计算完毕，左手按住清盘键，眼睛盯盘，在确定写数位置后，一笔数就能从高位到低位很快写完。写数时从高位到低位连同小数点和分节号要一次书写完毕，切记不可写完数字后再点分节号和小数点，以免出错而且效率低。同时，还要注意以下几点。

① 正确使用分节号：整数部分从个位起，从右至左每隔三位用分节号（,）隔开，如 9,876,543,210，分节号要写全。

② 账表上不需用"￥"。

③ 错误的更正：如果在书写账表合计数时将数字写错，应在错误的数字中央画一道线（注意：要将错误的数字全部画到，不能只画局部），然后将正确的数字写在错误数字的上方（注意：不能在原错误数字上修改），如

$$1,825.30$$

$$\cancel{1,830.25}$$

④ 如果合计数需要表现为货币计量，而角分又为零，这时合计数应写成".00"，而不能

省略成 ".—"。

## 3.3 计算器传票算的技能

### 1．传票算的基础知识

传票，是指用以传递记账用的凭证，是记账凭证的前称。传票按是否装订可分为订本式传票和活页式传票两种（此处只介绍订本式传票）。

订本式传票如图 3-3 所示。规格为长 19cm、宽 9cm、用四号手写体铅字印制。每面各行数字下加横线，其中第二行和第四行为粗线。一般每本为 100 页订成册，每页的右上角印有阿拉伯数字表示页码，每页传票上有五笔（行）数字，每行数字前自上而下依次印有（一）、（二）、（三）、（四）、（五）的标志，（一）表示第一行数，（二）表示第二行数，以此类推。每行最高位数有九位，最低位数有四位，均为带角分的金额单位。

图 3-3　订本式传票

传票算又称凭证汇总算，是对各种单据、发票和记账凭证进行汇总计算的一种方法，也是财经技能竞赛的比赛项目之一。竞赛规则如下。

根据传票算的运算特点，比赛时除用计算器外，另需一张传票算试题答案纸。传票算每 20 页为一题，规定打某一行数字的合计；采用限时不限量的比赛方法，每场 10 分钟，计算正确，每对一题得 15 分。传票算试题答案纸如表 3-2 所示。

表 3-2　传票算试题答案纸

| 顺　序 | 起讫页码 | 行　次 | 答　案 |
|---|---|---|---|
| 一 | 11～30 | （三） | |
| 二 | 28～47 | （一） | |
| 三 | 50～69 | （四） | |
| 四 | 69～88 | （二） | |
| 五 | 46～65 | （五） | |
| …… | …… | …… | |

举例说明：第一题要求从第 11 页起，运算到第 30 页截止，"（三）"表示将 11～30 页每页第三行数字累加起来，然后将结果填写在答案栏中。

**2．传票算的操作方法**

（1）整理传票本。传票运算时左手要翻页（打一页翻一页），为了提高运算速度，要加快翻页的动作，避免翻重页或漏页的现象，运算前除了应检查传票本有无缺页、重页或数字不清晰以外，还需将传票本捻成扇面形状。

捻扇面的方法：用左手握住传票的左下角，大拇指放在传票封面的上部，其余四指放在传票本背面；右手握住传票的右上角，大拇指放在传票封面的上部，其余四指放在传票背面，左右手向里捻动，形成扇形后，用票夹将传票本左上角夹住，以固定扇面。扇面形状的大小根据需要而定。

（2）调整计算器的功能键。小数点选位键 F 4 2 0 A$_{DD2}$ 定位在"2"。因为传票算都是含角分的金额单位，一般都是两位小数，所以通过定位就可以省去计算时反复按小数点的过程，同时最后的答案也能够自然保留两位小数。

（3）传票本的摆放位置。使用小键盘计算，传票本应放在左边，答题纸应放在中间，传票本应压住答题纸，以不影响看题、写数为宜（见图 3-4）。

图 3-4　传票本的摆放位置

（4）传票本的翻页、找页、记页。

① 翻页：左手小指、无名指和中指放在传票本左下方，食指、大拇指放在每题的起始页，用大拇指的指肚处轻轻靠住传票本应翻起的页码，翻上来后食指配合大拇指把翻过的页码夹在中指与食指的指缝中间，以便大拇指继续翻页。

② 找页：找页是传票算的基本功之一，由于传票试题在拟题时并不按自然顺序，而是相互交叉，这就需要在运算过程中前后找页。

③ 记页：传票算除翻页外还需要记页，传票计算每题由 20 页组成，为避免在计算中发生超页或打不够页的现象，必须在计算过程中默记打了多少次，记到第 20 次时核对该题的起止页，立即书写答案。

## 3.4　计算器票币算的技能

### 1．票币算的基础知识

票币计算技能是会计综合技能的重要内容之一，它是在票币整点的过程中，利用计算器将不同面值的票币乘以其数量，然后进行汇总的一种专业技能。它被广泛应用于银行柜面、收银、出纳会计现金收付、配款等工作。

（1）票币类别。

① 100 元、10 元、1 元、0.1 元、0.01 元。

② 20 元、2 元、0.2 元、0.02 元。

③ 50 元、5 元、0.5 元、0.05 元。

（2）票币计算试题的内容及计算方法。在票币计算试卷中，每道试题必含 13 种币别及各种币别的张数（见表 3-3）。

表 3-3　13 种币别及各种币别张数

| 币别 | 壹佰元 | 伍拾元 | 贰拾元 | 壹拾元 | 伍元 | 贰元 | 壹元 | 伍角 | 贰角 | 壹角 | 伍分 | 贰分 | 壹分 | 合计 |
|---|---|---|---|---|---|---|---|---|---|---|---|---|---|---|
| 数量 | 72 | 68 | 21 | 98 | 34 | 45 | 32 | 46 | 68 | 78 | 84 | 21 | 42 | 12,341.44 |

① 操作步骤：将各种币别乘以其数量，然后进行累加，求出合计数，如计算表 3-2 中的合计数。

合计=100×72+50×68+20×21+10×98+5×34+2×45+1×32+0.5×46+0.2×68+0.1×78+0.05×84+
　　　0.02×21+0.01×42

　　　=12,341.44

② 计算方法如下。

● 用 M+ 的方法。

第一步：计算 100×72 M+ 50×68 M+ 20×21… M+ 0.02×21 M+ 0.01×42 M+ 。

第二步：按累加键 MRC 求出计算结果。

● 用 GT 的方法。

第一步：计算 100×72 = 50×68 = 20×21… = 0.02×21 = 0.01×42 = 。

第二步：按 GT 键，求出合计数。

● 用心算的方法。用心算计算出各种币别乘以其数量的乘积，再将这些乘积输入计算器进行累加，求出合计数。

第一步：心算 100×72=7200，将 7200 输入计算器，屏幕显示为"7,200"。

第二步：心算 50×68=3400，将 3400 加入计算器，屏幕显示为"10,600"。

第三步：心算 20×21=420，将 420 加入计算器，屏幕显示为"11,020"。

第四步：心算 10×98=980，将 980 加入计算器，屏幕显示为"12,000"。

第五步：心算 5×34=170，将 170 加入计算器，屏幕显示为"12,170"。

第六步：心算 2×45=90，将 90 加入计算器，屏幕显示为"12,260"。

第七步：心算 1×32=32，将 32 加入计算器，屏幕显示为"12,292"。

第八步：心算 0.5×46=23，将 23 加入计算器，屏幕显示为"12,315"。

第九步：心算 0.2×68=13.6，将 13.6 加入计算器，屏幕显示为"12,328.60"。

第十步：心算 0.1×78=7.8，将 7.8 加入计算器，屏幕显示为"12,336.40"。

第十一步：心算 0.05×84=4.2，将 4.2 加入计算器，屏幕显示为"12,340.60"。

第十二步：心算 0.02×21=0.42，将 0.42 加入计算器，屏幕显示为"12,341.02"。

第十三步：心算 0.01×42=0.42，将 0.42 加入计算器，屏幕显示为"12,341.44"。

第十四步：书写合计数"12,341.44"。

## 2．心算技巧

第一类需要掌握 1 的心算方法和应用；第二类需要掌握 2 的心算方法和应用；第三类需要掌握 5 的心算方法和应用。

（1）乘 1 的心算技巧。

规律：1 乘以任何数等于该数本身，但要注意小数点的定位。例如：0.1 乘以一个两位数时，先用 1 乘以此两位数，然后将计算结果的小数点（从个位末）向前移动一位即可。

例：0.1×15=?

计算 1×15=15；定位小数点，将计算结果的小数点向前移动一位，答案为 1.5。

试一试：试计算用 0.1 乘以一个三位数，看看结果，找出规律。

同理，0.01 乘以一个两位数，则应将计算结果的小数点向前移动两位。

想一想：

0.01 乘以一个三位数，规律如何？

100 乘以一个两位数，规律如何？

10 乘以一个两位数，规律如何？

（2）乘 2 的心算技巧。

规律：2 乘以任何数，从高位算起，将该数的每一位数加倍，同时还要看下一位数，下一位数≥5，则提前进位。

例：48×2=?

解析：4 加倍为 8，看下位 8（≥5），提前进一，所以得数应是 9；8 加倍为 16，十位已经提前进位了，所以只剩下个位数 6，计算结果为 96。

例：72×20=?

解析：7 加倍为 14，看下位 2（<5），无须进位，2 加倍为 4，合起来为 144；由于乘数为两位整数，所以末尾再补 0，因此计算结果为 1440。

例：26×0.02=?

解析：2 加倍为 4，看下位 6（≥5），提前进一，所以得数应是 5；6 加倍为 12，十位已经提前进位了，所以只剩下个位数 2，合起来为 52；由于乘数为两位小数，所以应将小数点向前移两位，计算结果为 0.52。

（3）乘 5 的心算技巧。

规律：5 乘以偶数，偶数逐位折半，尾数为偶，末位补 0；

　　　5 乘以奇数，奇数减一折半，尾数为奇，末位补 5。

例：23×5=?

解析：2 折半为 1；3 为奇数，3 减 1 再折半为 1；尾数为奇数，末位补 5，答案为 115。

试一试：23×0.5=?　　　23×0.05=?　　　23×50=?

例：68×5=?

解析：6 折半为 3；8 折半为 4；尾数为偶数，末位补 0，答案为 340。

试一试：68×0.5=?　　　68×0.05=?　　　68×50=?

例：57×5=?

解析：5 减 1 为 4，4 折半为 2；5 减去的 1 与次位 7 组成 17，17 减 1 为 16，16 再折半为 8；奇数末位补 5，答案为 285。

注意：奇数减 1 再折半，减的 1 就是后位数的十位，与后位数组合成一个两位数，再将两位数折半，依次类推；尾数为奇数，末位补 5，尾数为偶数，末位补 0。

试一试：57×0.5=?　　　57×0.05=?　　　57×50=?

例：187×5=?

解析：18 折半为 9；7 减 1 再折半为 3；末位补 5，答案为 935。

## 实训园地

【实训一】账表算技能训练

实训项目：账表算技能训练（试题见表 3-4）。

表 3-4　账表算技能训练试题

| 题　号 | 一 | 二 | 三 | 四 | 五 | 小　计 |
|---|---|---|---|---|---|---|
| 1 | 592,174 | 2,806 | 1,478,305 | 26,759,130 | 38,469 | |
| 2 | 3,907 | 6,471,529 | 39,864,270 | 68,513 | 125,840 | |

续表

| 题　号 | 一 | 二 | 三 | 四 | 五 | 小　计 |
|---|---|---|---|---|---|---|
| 3 | 632,874 | 48,295,031 | 9,817 | 9,016,245 | 76,305 | |
| 4 | 14,598 | 1,645 | 720,935 | 47,102,863 | 2,687,039 | |
| 5 | 70,568,142 | 3,279,084 | 53,671 | 534,629 | 9,108 | |
| 6 | 9,825,307 | 81,326 | 40,792,516 | 7,864 | 594,013 | |
| 7 | 432,068 | 90,653,217 | 65,184 | 8,024,759 | 9,371 | |
| 8 | 8,564,310 | 39,426 | 2,759 | 192,870 | 48,136,507 | |
| 9 | 26,705,139 | 760,819 | 8,364,215 | −9,704 | 84,235 | |
| 10 | 9,270 | 58,916,340 | 908,327 | 34,651 | 6,217,854 | |
| 11 | 105,396 | 47,825 | 8,079,146 | 8,237 | 50,694,132 | |
| 12 | 32,519 | 5,743 | 72,865,014 | 6,390,482 | 109,867 | |
| 13 | 2,901,648 | 758,104 | 56,381 | 7,239 | 46,590,732 | |
| 14 | 76,194 | 8,025,673 | 3,908 | 58,240,197 | −241,563 | |
| 15 | 5,623 | 17,960,548 | 42,893 | 305,716 | 9,427,108 | |
| 16 | 46,103,587 | 9,320 | 601,938 | 2,547,198 | 74,256 | |
| 17 | 68,743 | 2,931,548 | 19,425,607 | −175,083 | 6,920 | |
| 18 | 84,732,591 | 613,097 | 2,450 | 48,165 | 3,760,892 | |
| 19 | 6,850,942 | 38,710 | 769,342 | 94,603,521 | −8,571 | |
| 20 | 8,710 | 926,574 | 1,630,524 | 39,860 | 21,359,487 | |
| 合　计 | | | | | | |

实训目的：通过训练，使学生掌握这种算法的技巧，提高计算器录入的实际应用能力，并通过"合龙门"检查是否运算正确。

实训时间：10 分钟。

实训准备：标准账表算题一张、计算器一个。

**【实训二】传票算技能训练 1**

实训项目：传票算技能训练（试题见表 3-5）。

实训目的：通过训练，使学生掌握传票算的技巧，提高运算速度和手、眼、脑的协调配合。

实训时间：10 分钟。

实训准备：标准票币算题一张、计算器一个。

表 3-5　传票算技能训练试题

| 顺　序 | 起讫页码 | 行　次 | 答　案 |
|---|---|---|---|
| 一 | 41～60 | （五） | |
| 二 | 57～76 | （一） | |
| 三 | 23～42 | （四） | |

续表

| 顺　序 | 起讫页码 | 行　次 | 答　案 |
|---|---|---|---|
| 四 | 19～38 | （三） | |
| 五 | 15～34 | （二） | |
| 六 | 72～91 | （三） | |
| 七 | 43～62 | （五） | |
| 八 | 18～37 | （二） | |
| 九 | 79～98 | （一） | |
| 十 | 58～77 | （五） | |
| 十一 | 12～31 | （四） | |
| 十二 | 44～63 | （二） | |
| 十三 | 31～50 | （五） | |
| 十四 | 65～84 | （三） | |
| 十五 | 22～41 | （一） | |
| 十六 | 17～36 | （三） | |
| 十七 | 8～27 | （五） | |
| 十八 | 66～85 | （四） | |
| 十九 | 23～42 | （三） | |
| 二十 | 51～70 | （一） | |

【实训三】传票算技能训练 2

实训项目：捻扇形，练习找页、翻页、录入等。

实训目的：通过训练，使学生掌握这种算法的技巧，提高小键盘录入的实际应用能力。

实训时间：20 分钟。

实训准备：传票一本、票夹一个、计算器一个、传票题一张。

### 1. 整理传票（捻扇形）

具体操作：根据要求将传票捻成扇形，并用票夹将传票的左上角夹住，然后一张一张翻页，检查传票是否有错漏的地方。

### 2. 练习找页

找页的关键是练手感，即通过摸纸页的厚度就能一次翻到临近的页码。

具体操作：教师报出相应的页数（如 80、75、60、50、25、30、20、10 等），学生翻找，同时找手感。

### 3. 练习翻页、录入和记页

翻页和记页与数据录入同时进行，翻页不宜翻得过高，角度应以能看清数据为宜。边看边录入，力求盲打。同时，在运算中记住终止页，当估计快要运算完该题时，用眼睛的余光扫视传票的页码，以防过页。

【实训四】票币算技能训练

实训项目：票币算技能训练（试题见表 3-6）。

表 3-6　票币算技能训练试题

| （一） | | （二） | | （三） | | （四） | | （五） | |
|---|---|---|---|---|---|---|---|---|---|
| 面　值 | 张　数 | 面　值 | 张　数 | 面　值 | 张　数 | 面　值 | 张　数 | 面　值 | 张　数 |
| 壹佰元 | 98 | 壹佰元 | 14 | 壹佰元 | 36 | 壹佰元 | 47 | 壹佰元 | 53 |
| 伍拾元 | 53 | 伍拾元 | 34 | 伍拾元 | 97 | 伍拾元 | 19 | 伍拾元 | 54 |
| 贰拾元 | 93 | 贰拾元 | 59 | 贰拾元 | 46 | 贰拾元 | 84 | 贰拾元 | 49 |
| 壹拾元 | 97 | 壹拾元 | 53 | 壹拾元 | 67 | 壹拾元 | 74 | 壹拾元 | 36 |
| 伍元 | 13 | 伍元 | 98 | 伍元 | 14 | 伍元 | 76 | 伍元 | 17 |
| 贰元 | 38 | 贰元 | 85 | 贰元 | 65 | 贰元 | 69 | 贰元 | 71 |
| 壹元 | 34 | 壹元 | 68 | 壹元 | 54 | 壹元 | 37 | 壹元 | 93 |
| 伍角 | 68 | 伍角 | 47 | 伍角 | 63 | 伍角 | 67 | 伍角 | 74 |
| 贰角 | 33 | 贰角 | 65 | 贰角 | 14 | 贰角 | 56 | 贰角 | 87 |
| 壹角 | 58 | 壹角 | 34 | 壹角 | 58 | 壹角 | 41 | 壹角 | 96 |
| 伍分 | 34 | 伍分 | 68 | 伍分 | 94 | 伍分 | 63 | 伍分 | 14 |
| 贰分 | 68 | 贰分 | 64 | 贰分 | 67 | 贰分 | 64 | 贰分 | 53 |
| 壹分 | 33 | 壹分 | 35 | 壹分 | 94 | 壹分 | 34 | 壹分 | 36 |
| 合　计 | | 合　计 | | 合　计 | | 合　计 | | 合　计 | |
| （六） | | （七） | | （八） | | （九） | | （十） | |
| 面　值 | 张　数 | 面　值 | 张　数 | 面　值 | 张　数 | 面　值 | 张　数 | 面　值 | 张　数 |
| 壹佰元 | 25 | 壹佰元 | 49 | 壹佰元 | 5 | 壹佰元 | 24 | 壹佰元 | 68 |
| 伍拾元 | 5 | 伍拾元 | 68 | 伍拾元 | 14 | 伍拾元 | 95 | 伍拾元 | 14 |
| 贰拾元 | 84 | 贰拾元 | 25 | 贰拾元 | 2 | 贰拾元 | 82 | 贰拾元 | 8 |
| 壹拾元 | 30 | 壹拾元 | 74 | 壹拾元 | 45 | 壹拾元 | 6 | 壹拾元 | 94 |
| 伍元 | 48 | 伍元 | 9 | 伍元 | 75 | 伍元 | 35 | 伍元 | 25 |
| 贰元 | 95 | 贰元 | 30 | 贰元 | 84 | 贰元 | 48 | 贰元 | 3 |
| 壹元 | 5 | 壹元 | 16 | 壹元 | 61 | 壹元 | 24 | 壹元 | 20 |
| 伍角 | 64 | 伍角 | 1 | 伍角 | 2 | 伍角 | 10 | 伍角 | 54 |
| 贰角 | 8 | 贰角 | 42 | 贰角 | 39 | 贰角 | 6 | 贰角 | 98 |
| 壹角 | 78 | 壹角 | 6 | 壹角 | 45 | 壹角 | 38 | 壹角 | 76 |
| 伍分 | 69 | 伍分 | 63 | 伍分 | 97 | 伍分 | 56 | 伍分 | 4 |
| 贰分 | 35 | 贰分 | 94 | 贰分 | 86 | 贰分 | 5 | 贰分 | 65 |
| 壹分 | 54 | 壹分 | 8 | 壹分 | 50 | 壹分 | 47 | 壹分 | 22 |
| 合　计 | | 合　计 | | 合　计 | | 合　计 | | 合　计 | |

实训目的：通过训练，使学生掌握票币算的技巧，提高心算能力。

实训时间：10 分钟。

实训准备：标准票币算题一张、计算器小键盘一个。

【实训五】心算技能训练

实训项目：5 倍心算技能训练（试题见表 3-7）。

实训目的：通过训练，使学生掌握心算的技巧，提高心算能力。

实训要求：快速心算出表中各题并写出答案。

表 3-7　5 倍心算技能训练试题

| 题　号 | 1 | 2 | 3 | 4 | 5 |
|---|---|---|---|---|---|
| 习题及答案 | 5×58= | 5×91= | 5×84= | 5×26= | 5×69= |
| 题　号 | 6 | 7 | 8 | 9 | 10 |
| 习题及答案 | 0.5×21= | 0.5×76= | 0.5×94= | 0.5×15= | 0.5×86= |
| 题　号 | 11 | 12 | 13 | 14 | 15 |
| 习题及答案 | 0.05×52= | 0.05×83= | 0.05×62= | 0.05×23= | 0.05×75= |
| 题　号 | 16 | 17 | 18 | 19 | 20 |
| 习题及答案 | 2×51= | 0.2×46= | 0.02×13= | 0.02×98= | 0.02×82= |

【综合实训】计算器项目训练

强化职业技能训练是职业学校教学环节中的重中之重，是实现以就业为导向，培养满足行业急需的技能型人才的核心内容。希望同学们严格要求自己，每天坚持训练，使技能水平不断提高。

表 3-8 供同学们记录每日训练情况，实训项目包括加减算、传票算、账表算和票币算。可以按教师指定的项目训练，也可以根据自己的情况选择项目训练。

表 3-8　计算器项目训练记录

| 日　期 | 项　目 | | | | 练 习 时 间 | 成　绩 | 检查人签字 |
|---|---|---|---|---|---|---|---|
| | 加 减 算 | 传 票 算 | 账 表 算 | 票 币 算 | | | |
| | | | | | | | |
| | | | | | | | |
| | | | | | | | |
| | | | | | | | |
| | | | | | | | |
| | | | | | | | |
| | | | | | | | |
| | | | | | | | |
| | | | | | | | |
| | | | | | | | |

续表

| 日　期 | 项　目 | | | | 练 习 时 间 | 成　绩 | 检查人签字 |
| --- | --- | --- | --- | --- | --- | --- | --- |
| | 加 减 算 | 传 票 算 | 账 表 算 | 票 币 算 | | | |
| | | | | | | | |
| | | | | | | | |
| | | | | | | | |
| | | | | | | | |
| | | | | | | | |
| | | | | | | | |

 **故事趣闻**

### 喜欢手指在计算器上"轻舞飞扬"

姓名：郭××

年龄：21 岁

身高：165cm

单位：新凯悦酒店

岗位：收银员

爱好：唱歌、逛街

流水潺潺，暖灯温馨，海鲜飘香……走进重新装修后的新凯悦酒店，不禁让人感到丝丝的新鲜气息。这里的灯光、美酒、海鲜、服务员乃至顾客……所有的一切都给人一种典雅高贵的气息。带着这样的愉悦，在一楼的吧台处，笔者一眼就确定那个在计算器上按得行云流水的姑娘就是要访问的收银员。

**5秒钟算出一张账单**

她叫小郭，2009 年 7 月来到武汉市新凯悦酒店之前，曾有过 3 年多的收银员经历。关于她的工作，很多人有着许多赞美的言辞，据说一张 10 个菜的账单，她只需要 5 秒钟就能计算出来，而且正确率达 100%。

为了一探究竟，笔者特意验证了一下，从服务员手中拿过一张有 11 个菜的账单，递给小郭，然后在一声"开始"后进行计时。只见小郭左手拿着菜单，右手手指飞快地在计算器的各个键上跳跃舞动，如行云流水般迅捷。1秒、2秒、3秒……"一共是487元。"当手机上的时间显示到5秒时，小郭同时报出了菜价。"速度还真是快呀！"笔者赞叹道。计算结果应该不会有错误吧？笔者拿过账单和计算器进行了核实，结果显示却是508元。"不会是我自己算错了吧？"笔者正暗自嘀咕时，小郭笑着伸出手指着账单说："这两个菜都是打95折的，看，账单后面都标明了的。"按照小郭的指点，笔者重新核算了一遍，果然没错。

### 半个月练习出盲打

能将账单算得如此迅速准确，小郭也是经过一番苦练才达到这种水准的。"刚入行的时候也是手忙脚乱。"小郭说当初因为不熟悉计算器，算账的时候要看一眼菜价，然后再看着计算器的字符计算。一旦遇到埋单的客人比较多时，心里还紧张，每笔账目都要复核，遇到性子急的顾客还要被他们抱怨。"如果自己计算得迟缓，客人会觉得我们业务不熟练，有时还会对酒店的整体服务打折扣。而自己计算得迅速，他们就会在心里敬你三分。客人的心理状态是，这个业务员看来业务还挺精通。这样，即使同时埋单的人很多，他们也会表示理解。"正是有了这样的体会，小郭用了半个月的时间练习使用计算器，终于做到了盲打，而且盲打正确率达100%。

"收银其实并不是一项简单的工作，也有很多技巧。"谈起收银的诀窍，小郭一发而不可收，比如算账时要做到眼尖手快耳灵：眼尖就是瞟一眼菜单就一定要准确，并尽可能多地记下菜品的价格；手快就是按计算器的速度要快；耳灵就是在盲打时要注意聆听计算器报出的数字，确定是否与账单上的数字一样；另外，还要注意分清楚哪些菜品是打折的，哪些是不打折的，同时还要将零钱准备妥当……

在小郭看来，收银俨然是一门高深的学问。将一份看似简单的工作用做学问的认真态度来对待，服务工作不是正需要这样的精神吗？

# 单元 4　翰林提操作知识

 学习园地

【学习目标】通过本单元的学习，要解决以下问题：
- 了解翰林提的基本结构、基本功能、基础操作知识；
- 掌握数字键盲打技巧和加减法、账表法练习；
- 掌握传票算技巧；
- 掌握票币算技巧。

本单元通过对翰林提的基本结构介绍，使学生了解翰林提的基本功能和基本操作知识，掌握翰林提传票算、票币算技巧，使学生能及时训练和反复强化训练，从而实现无纸化操作，节省资源。

## 4.1　翰林提的基本结构与基本功能

### 1．翰林提的基本结构

翰林提是一种数字录入、文字录入学习训练机。其基本结构有主机（见图 4-1）、支架（见图 4-2）、键盘（见图 4-3）、电池及充电器（见图 4-4）等。

图 4-1　主机

图 4-2　支架

图 4-3　键盘

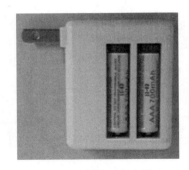

图 4-4　电池及充电器

### 2．翰林提组装

翰林提在使用前要进行组装。组装的程序为安装电池→连接键盘→连接主机→开机准备→开机。具体步骤如图 4-5～图 4-9 所示。

（a）　　　　　　　　　　　　　　　（b）

图 4-5　安装电池

图 4-6　连接键盘

图 4-7　连接主机

图 4-8　开机准备

图 4-9　开机

### 3．翰林提简易故障的排除方法

（1）无法开机时检查电池电量是否充足，检查电池是否装反，检查电池两极是否接触良好。

（2）自动关机时检查电池电量是否充足。在系统设置→自动关机中设置自动关机时间，如图 4-10 所示。

（3）键盘指示灯不亮，操作键盘时没有响应，如图 4-11 所示。先确认是否是按步骤开机，然后检查键盘与主机连接处是否接触良好。

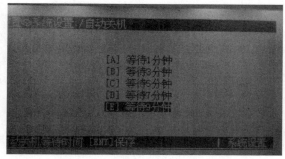
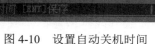

图 4-10 设置自动关机时间

图 4-11 键盘指示灯不亮

（4）键盘指示灯亮，但数字小键盘没有响应。检查 NumLock 键是否被锁定，如图 4-12 所示。

（5）屏幕颜色太深/太浅。在系统设置→对比度中对其进行调节，如图 4-13 所示。

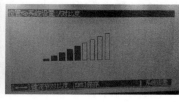

（a） （b）

图 4-12 检查 NumLock 键是否被锁定

图 4-13 调节屏幕颜色

### 4．翰林提基本功能介绍

翰林提的基本功能如图 4-14 所示。主要包括如下内容。

（1）录入。数字录入和文字录入是翰林提的基本功能，具体包括五笔录入、日文录入、传票录入、数字录入、计算应用、综合录入、财会单据等。

（2）学习。

（3）词典。

（4）助理。

（5）附录。

（6）系统。

图 4-14 翰林提的基本功能

## 4.2 数字键盲打技巧

### 1. 数字键录入的基本指法

将数字键盘的各个键位固定地分配给五个手指。具体分配如表 4-1 所示。

表 4-1 键位分配表

| 键 位 | 指 法 |
|---|---|
| 1、4、7、NumLock | 食指 |
| 2、5、8、/ | 中指 |
| 3、6、9、*、. | 无名指 |
| +、-、Enter | 小指 |
| 0 | 大拇指 |

基本操作要求如下。

（1）其中 4、5、6 为基本键位，将中指放于 5 上，感觉此键处有一个凸出的圆点，是计算器的核心键位，依次将食指和无名指落于 4、6 上。

（2）食指上移、下移分别为 7、4；中指上移、下移分别为 8、2；无名指上移、下移分别为 9、3。

（3）每次敲击完一组数据后将手指回落于基本键位，如图 4-15 所示。

图 4-15　基本指法

### 2. 数字键盲打

（1）基本指法练习。数字录入→基本键位练习，如图 4-16 所示。

（a）

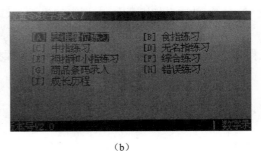

（b）

图 4-16　数字录入指法练习

（2）商品条码录入练习。数字录入→商品条码录入→条码练习，如图 4-17 所示。

（a）　　　　　　　　　　　　　（b）

图 4-17　商品条码录入练习

（3）综合练习。

① 数字录入→综合练习→文章模式，如图 4-18 所示。

② 数字录入→综合练习→组别模式，如图 4-19 所示。

图 4-18　综合练习（文章模式）　　　　图 4-19　综合练习（组别模式）

## 4.3　翰林提传票算技巧

### 1．传票算训练工具

传票算整体图及传票本样式、传票的正反面如图 4-20～图 4-22 所示。

图 4-20　整体图　　　　　　　　　图 4-21　传票本

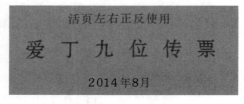

（a）正面　　　　　　　　　　　（b）反面

图 4-22　传票

**2. 传票算使用**

（1）在系统主界面选择【传票录入】进入【传票录入】目录（见图4-23），选择【设置】选项进行设置（见图4-24）。

图4-23 【传票录入】目录　　　　　图4-24 进行设置

（2）设置完毕后按 Enter 键自动保存设置。

操作：通过↑、↓键移动光标，←、→键调整相关设置。

说明：此步骤只需在第一次使用时，或需要更改训练方式时设置。

（3）在【传票录入】目录下选择"[B]传 票 算"，进入【传票算】目录，如图4-25所示。

（4）选择"[B]传票算测试"或者"[A]传票算练习"。二者的区别在于：测试模式下，系统可以保存最后成绩，并且可以通过无线模块发送测试成绩，该模式可以在比赛时使用。练习模式下，系统不保存成绩，也不能发送成绩，但是可以保存成长历程，该模式只可以在练习时使用，如图4-26所示。

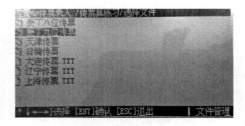

图4-25 【传票算】目录　　　　　图4-26 传票算练习的选项

（5）例如，选择"爱丁九位传票"，下一步选择所要录入的传票页 A～D，如图4-27所示。

（6）例如，选择"爱丁九位 B"，开始设置测试时间、起始页、行次，如图4-28所示。

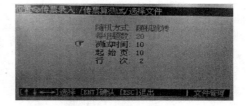

图4-27 "爱丁九位传票"选项　　　　　图4-28 "爱丁九位 B"的设置项

（7）设置完毕后，按 Enter 键即可开始录入，录入界面如图4-29所示。

（8）关于录入界面的相关解释说明如下。

第一部分内容：当前输入的组别、当前组的起止页、输入的行序号。

中间部分内容：上一组数据的最终结果。

下面部分内容：当前组数据的计算区域，学生可以进行任意加减计算。

（9）用户退出或者倒计时结束时，系统会自动计算成绩，并且显示在屏幕上。

（10）传票算计分规则：按照录入界面提示页码和行次进行累加，每组 20 题，以按 Enter 键提交得到的结果作为评断得分标准，即每一组为 20 分或 0 分，最后一组以时间到后的结果评定小分。

图 4-30 中显示，时间 10 分钟截止时，共完整计算 9 组，最后一组结果计算到前 15 题并正确，合计 195 分。

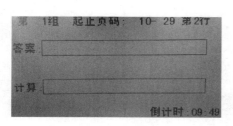

图 4-29　录入界面

图 4-30　成绩显示

# 4.4　翰林提票币算技巧

## 1．票币算使用

（1）在系统主界面选择【计算应用】进入【计算应用】目录，如图 4-31 所示。

图 4-31　【计算应用】目录

（2）选择"[B]票 币 算"，进入【票币算】目录，如图 4-32 所示。

（3）选择"[A]票币算练习"或者"[B]票币算测试"，二者的区别在于：测试模式下，系统可以保存最后成绩，并且可以通过无线模块发送测试成绩，该模式可以在比赛时使用；练习模式下，系统不保存成绩，也不能发送成绩，但是可以保存成长历程，该模式只可以练习时使用。

（4）例如，选择"[B]票币算测试"，开始设置练习方式、时间设置、随机系数，如图4-33所示。

图4-32 【票币算】目录

图4-33 票币算测试设置

操作：

练习方式：心算或非心算，按【→】键调整相关设置。

时间设置：5、10、20分钟，按【→】键调整相关设置。

随机系数：1～99，数字键盘输入。

（5）设置完毕后，按【Enter】键即可开始录入，录入界面如图4-34所示。

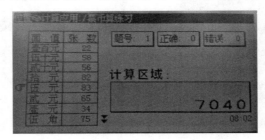

图4-34 录入界面

## 2．翰林提票币心算

（1）以"票币算练习"为例，设置练习方式为非心算，进入计算窗口，如图4-35所示。

图4-35 计算窗口

（2）输入计算结果，例如：2200+2900+1120+820+…

① 在"票币算练习"状态下，若输入数字正确，则"小手"图标下移，如图4-36所示。

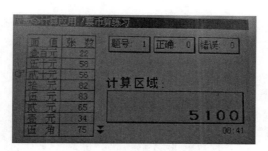

图 4-36　图标下移

② 若输入数字错误，图标不下移且计算区域数字加黑，如图 4-37 所示。

图 4-37　计算区域数字加黑

③ 在票币算测试状态下，若输入数字错误，图标将继续下移，不做提醒。

（3）一题完成，按【Enter】键进入下一题，在屏幕右上角处显示做对题数，如图 4-38 所示。

图 4-38　显示正确题数界面

# 模块 2　点钞操作技能与实训

## 导读

　　手工点钞和机器点钞的操作方法、人民币和美元的基本防伪特征、假币的识别和处理方法、票据的书写与鉴别等，都是财经商贸专业的基本技能。熟练掌握这些收银技能不仅为我们顺利走上工作岗位提供了很好的技术支撑，也为我们的日常生活提供了帮助。

　　在本模块里，为同学们安排了充分的实训内容，这些实训内容力求与行业考核标准接轨。在实训内容的编排上，力求与行业考核同步，同时关注职业学校学生的特点，从单项技术入手，逐步过渡到整体技术；对于综合技术的训练，则按照从易到难的顺序分阶段进行安排。在理论教学、实训教学中，也充分考虑同学们自身的特点，尽量做到在"做中学、做中教"，教得愉快，学得高兴！

　　学习是要付出心血和汗水的，一分耕耘一分收获，正因为学习有艰辛，获得成功后喜悦的心情才无法用笔墨来形容。

　　努力吧，同学们，成功之路就在你们脚下！

# 单元 5　点钞操作知识与指法

 学习园地

【**学习目标**】通过本单元的学习，要解决以下问题：

● 了解点钞技术的作用和意义；

● 掌握点钞的基本要领；

● 掌握点钞的基本方法和操作要领；

● 掌握点钞机的使用方法。

本单元主要讲述点钞的基本知识与指法。要求了解学习点钞的意义、基本程序、要求和不同的点钞方法，熟练地掌握单指单张和四指四张点钞方法，学会使用点钞机。

## 5.1　点钞概述

### 1．学习点钞技术的意义

点钞又称票币整点，是按照一定方法查数票币数额的工作，是财务、金融、商品经营等专业应该掌握的一项专业技术，也是从事财务、金融、商品经营等工作必须具备的基本技能。财务、金融系统的出纳部门最常见且繁重的工作是现金的收入、付出和整点。因此，点钞成了出纳工作的重要组成部分。

点钞速度的快慢、水平的高低、质量的好坏直接关系到企业及金融机构的资金周转及货币流通速度、工作效率及服务质量的高低。学好点钞技术是搞好财务工作的基础，也是财务人员的基本业务素质之一。掌握一手过硬的点钞技术才能适应商品经济发展的需要，才能胜任财务、金融、商品经营等相关的工作。

### 2．点钞方法的分类

（1）按清点币种的性质分：纸币整点和硬币清点。

（2）按使用的工具分：手工点钞和机器点钞。

① 手工点钞：是指将纸币和硬币置于桌面，由人工对其进行清点记数的工作。依据指法的不同，手工点钞分为手持式点钞和手按式点钞。手持式点钞根据指法的不同又可分为单指单张点钞法、单指多张点钞法、多指多张点钞法、扇面点钞法等。手工清点硬币的方法也是一种手工点钞法，可利用硬币点算器清点硬币，在没有工具时，也可用手工清点。它不受客观条件的限制，只要熟练，在工作中与工具清点速度相差不大。

② 机器点钞：是指使用点钞机整点以代替手工整点。

点钞方法的分类如图 5-1 所示。

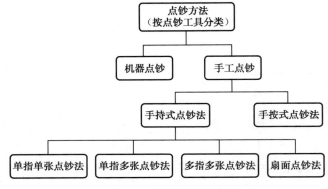

图 5-1　点钞方法的分类

### 3．点钞的基本程序

点钞是从起把（持钞）开始到盖章结束的一个连续、完整的过程，要想加快点钞速度、提高点钞水平，必须把每个环节的工作都做好。一般包括以下几个环节：起把（持钞）→清点→扎把→拆把→盖章。

（1）起把（持钞）。一般由左手单手拿起一把钞券，同时做好点数的准备。依点钞方法的不同，持钞方法也有所不同，详见 5.2 节的内容。

（2）清点。要求手中点钞、脑中计数，在清点过程中力求做到既准又快。每清点完 100张为一把。

（3）扎把。把点好的每沓百张钞券墩齐，用扎条（捆钞条）扎紧，超过百张或不足百张的在扎条上写出实点数。

（4）拆把。把扎好把的钞券左边的原扎条拆断。

（5）盖章。在扎好的新扎条上加盖经办人员名章，以明确责任。

 **知识链接**

在实际点钞工作当中，其程序与上面所讲程序在顺序上略有不同，一般包括：拆把→持钞→清点→扎把→盖章→计算总金额等相关环节。

（1）拆把。把待点的成把钞券的原扎条拆掉或钩断，同时做好点数的准备。

（2）持钞。依点钞方法的不同，持钞方法也不同，正确的持钞方法是保证点钞准确、快速的基础。

（3）清点。要求手中点钞、脑中计数；机器清点、眼睛挑残。

（4）扎把。把点好的每沓百张钞券墩齐，用扎条扎紧，超过百张或不足百张的在扎条上写出实点数。

（5）盖章。在扎好的新扎条上加盖经办人员名章，以明确责任。

（6）计算总金额。将所清点的全部钞券按面值和张数计算总金额。

### 4．手工点钞的基本要求

学习点钞，首先要掌握基本要领，基本要领掌握得好，可以达到事半功倍的效果。

（1）坐姿端正。点钞员的坐姿应体现出饱满的精神状态、积极热情的工作态度。坐姿端正会使点钞技能充分发挥。正确的坐姿应该是直腰挺胸，双脚平放地面，全身肌肉放松，两小臂置于桌面边缘，左手腕部紧贴桌面，右手微微抬起，手指活动自如，轻松持久，如图 5-2 所示。

（2）用品定位。用品包括点钞券、挡板（书立）、海绵缸、甘油、扎条、名章、笔等。

① 点钞员首先应整理钞券，将其整齐地码放于桌面左侧挡板前方。

图 5-2　坐姿端正

② 将海绵缸、甘油、扎条、名章、笔等，按顺序摆放于桌面中央正前方位置。

③ 将清点好的钞券捆扎盖章后整齐地码放于桌面右侧（见图 5-3）。

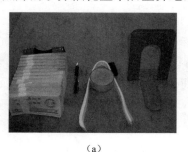

（a）

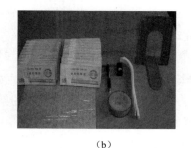

（b）

图 5-3　用品定位

（3）开扇均匀。清点钞券前，要将票面打开为扇形，使钞券有一个坡度，便于捻动。开扇均匀是指每张钞券的间隔距离必须一致，使之在捻钞过程中不易夹张。

（4）点数准确。点钞是一项心手合一，手、眼、脑高度配合、协调一致的严谨性工作。清点准确是点钞的关键环节，也是点钞最重要的环节，是对点钞技术的基本要求。为保证清点的准确性，应运用规范的指法。指法规范既可提高清点的准确率，又可提高清点速度。清点时要求做到以下几点。

① 精神集中、全神贯注。

② 坚持定性操作、机器复核。

③ 双手点钞，眼睛看钞，大脑计数，手、眼、脑高度配合。

图 5-4　盖章清晰

（5）扎把牢固。将清点完的每一百张钞券捆扎为一小把，要求做到：提起把中第一张不被抽出。

（6）盖章清晰。点钞员清点钞券后均要盖章，扎条上的名章是分清责任的标记。名章要清晰可辨（见图 5-4）。

（7）动作连贯。这是保证点钞质量和提高点钞效率的必要条件，点钞过程的各个环节（起把、清点、扎把、拆把、盖章）必须密切配合、环环相扣，清点中双手动作要求协调流畅、娴熟规范，速度均匀且避免不必要的小动作。

（8）快速整洁。快速是指要求在清点准确的基础上提高清点和捆扎速度，整洁是指点钞程序完成后，桌面物品应摆放有序、干净整齐。

以上就是钞券清点的 32 字要求，点钞中只有做到上述基本要求，才能在办理现金的收付与整点时做到准、快、好。

## 5.2　点钞的指法与技巧

点钞是出纳工作最重要的一个组成部分。点钞速度的快慢和质量的好坏将直接影响到财务工作的效率。因此，必须通过刻苦训练掌握过硬的点钞技术，为将来的工作打好基础。下面主要介绍手持式点钞法和手按式点钞法。

### 1. 手持式单指单张点钞法

手持式单指单张点钞就是在清点纸币时一手持钞，另一只手大拇指一次捻动一张钞券，逐张清点的方法。它是一种适用面较广的点钞方法，可用于收款、付款和整点各种新旧大小钞券。这种点钞方法的优点是持票人持票所占的票面较小，视线可及票的 3/4，容易发现假票，挑剔残破币也较方便。具体操作方法如下。

（1）持钞。左手手心朝内，张开左手中指与无名指，夹住钞券左边 1/2 处 [见图 5-5（a）]，再将左手中指与无名指向内屈，左手食指后腰托住票面。左手大拇指在左侧向右推压票面，同时右手食指在右侧向左推票币，右手食指与中指托住钞券右上角的后面，右手无名指与小指自然弯曲。此时票币呈弓形，侧面为扇形 [见图 5-5（b）]。

（2）清点。点钞时用右手大拇指指尖轻轻捻动票币右上角，右手食指配合大拇指捻动，每捻一次为一张 [见图 5-6（a）]，无名指将捻下的钞券向怀内弹拨，使钞券逐渐脱离末点部分，同时大拇指迅速回位捻动下一张钞券 [见图 5-6（b）]。左手大拇指随着钞券的捻动向后移动，当点到最后三四张时，右手大拇指和食指将剩下的钞券全部捻开，眼看张数、心中计数。

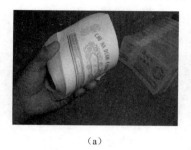
（a）

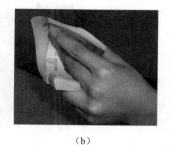
（b）

图 5-5　持钞

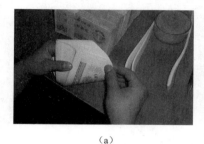
（a）

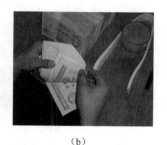
（b）

图 5-6　清点

特别提示：在实际工作当中，清点时需要将残、损、假币按规定标准剔出，以保证流通中票面的整洁。

（3）计数。计数也是点钞的基本环节，它与清点相辅相成，清点的同时必须做到计数准确。可选择在大拇指捻钞时计数，也可选择在无名指弹拨时计数。

单指单张计数时，10 以上就会出现双数，计起来很费时费力，还会出现计数跟不上手指动作的情况，为配合手指的快速运动，计数时多采用单数分组记数法。通常以 10 为组，把 10 记作 1，即

1、2、3、…、8、9、1（10）；

1、2、3、…、8、9、2（20）；

…

1、2、3、…、8、9、10（100）。

（4）扎把与拆把。

① 清点准确后把钞券横握，左手大拇指在内，其余四指在外握住左端。右手持扎条的一端插入（斜插）钞券侧缝中（约 1/3 处），右手大拇指稍微用力使钞券向内弯曲（形成瓦状即可）[见图 5-7（a）]。

② 然后右手食指、中指夹住扎条向下、向内缠绕一圈或两圈，此时左手食指压住钞券上端的扎条 [见图 5-7（b）]。

③ 右手将剩余扎条向右侧翻转，拉开一点距离后用右手大拇指（或食指）将其塞入原扎条下面，这时左手大拇指可稍将插过来的扎条按住，以防止右手大拇指将其带出［如图5-7（c）］。

④ 在扎完把的同时，左手顺势将原来的扎条拆断（拆把）（见图5-8）。

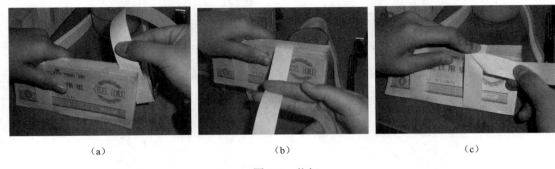

     （a）        （b）        （c）

图5-7　扎把

图5-8　拆把

（5）盖章。盖章是点钞过程的最后一环，待全部钞券清点完毕后，左手大拇指在前，其余四指在后，将扎好的钞券捏住横立于桌面上，右手依次将名章加盖在扎条纸的上端，表示对已点钞券的质量和数量负责，所以每个出纳员点钞后均要加盖个人名章，而且要盖得清晰，以看得见姓名为准（参见图5-4）。

### 2．手持式四指四张点钞法

手持式四指四张点钞法又称四指拨动点钞法，点钞时用小指、无名指、中指、食指依次捻下一张，一次清点4张的方法。它适用于收付款的整点工作。这种点钞方法不仅省力、省脑，而且效率高，能够逐张识别假币和挑剔残损破币。具体操作方法如下。

（1）持钞。钞券横握于右手，将左手手心向内，手指向下。左手中指在票面，食指、无名指和小指在票后，卡住钞券并将钞券向内握成瓦状［见图5-9（a）］，同时左手大拇指在钞券的上端向右将钞券推出扇面状。手腕向外转动90°，使钞券的凹面朝左向内［见图5-9（b）］。

（2）清点。左手大拇指轻轻托在钞券的右上角下面，右手的小指、无名指、中指、食指略微并拢为弓形放于钞券的右上端，食指靠内小指靠外。从小指起依次拨动一张钞券，每组4张，反复点拨（见图5-10）。

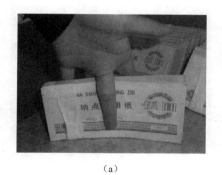
（a）

（b）

图 5-9 持钞

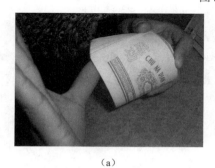
（a）

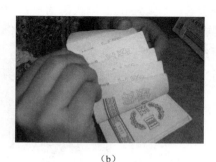
（b）

图 5-10 清点

（3）计数。手持式四指拨动点钞法采用分组计数，每组为 4 张，25 组为 100 张。

（4）扎把、拆把、盖章。与单指单张点钞法相同。

### 3．手按式单指单张点钞法

手按式单指单张点钞法是一种比较传统但也较常见的点钞方法之一，就是将钞券按放在桌面上进行清点的点钞方法。它适用于收付款的散点和旧币的整点。具体操作方法如下。

（1）持钞（按钞）。将钞券正面朝上横放在正前方，左手小指和无名指微屈放于钞券的左上角（见图 5-11）。

（2）清点。用右手大拇指轻轻托住钞券的右下角，用右手的食指捻动钞券一张，左手大拇指向上推动钞券，用左手食指和中指夹住钞券，依次往复（见图 5-12）。

（3）计数。采用单数分组计数法，同手持式单指单张点钞法。

（4）扎把。扎把也是点钞的一个重要环节。钞券没扎紧，在正规考试或测评中要被扣分，影响成绩。前已述及，判断是否扎牢的标准是拎起一把钞券的第一张不松动、不被抽出为合格。

点钞完毕后需要对所点钞券进行扎把，通常是 100 张捆扎成一把。扎把的方法主要分为缠绕式和拧结式两种。

图 5-11　持钞　　　　　　　　　　　　　图 5-12　清点

① 缠绕式。

● 夹条式。参看本节手持式单指单张点钞法中第（4）点，这种扎把方法的特点是扎条与钞券衔接紧密，不易脱落，日常工作中被普遍采用。

● 压条式。用左手将钞券横握于面前，尽量使钞券的左上角抵住左手的手心，左手大拇指在内，其余四指在后并拢捏住钞券使其呈瓦状，将扎条压在左手食指（或中指）下（见图 5-13）；右手缠绕方式与夹条式相同（见图 5-14）。

 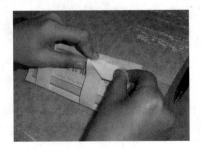

图 5-13　左手捏握钞券　　　　　　　　　图 5-14　右手缠绕扎条

② 拧结式。此方法需要使用棉制扎条，是将扎条打结捆于清点过的钞券中央的方法。将钞券墩齐，左手纵向握钞，使之成为瓦状（见图 5-15）；右手将扎条从钞券凸面放置，将两头绕到凹面，左手食指、大拇指分别按住扎条与钞券两端交界处，右手食指、大拇指、中指分别夹住扎条两端于钞券凹面中央处汇合，左、右手分别向内、外转动，并交结翻转按压。

图 5-15　拧结式扎把

## 5.3 机器点钞与硬币清点

机器点钞就是使用点钞机整点钞票以代替手工整点。机器点钞代替手工点钞，对提高工作效率，减轻出纳人员劳动强度，改善临柜服务，加速资金周转都有积极的作用。随着金融事业的不断发展，出纳的收付业务量也日益增加，机器点钞已成为银行等金融机构以及企事业单位出纳点钞的主要方法。

### 1. 点钞机的一般常识

按照钞票运动轨迹的不同，点钞机分为卧式和立式两种。辨伪手段通常有荧光识别、磁性分析、红外穿透三种方式。

点钞机一般由三大部分组成：捻钞部分、计数部分和传送整钞部分，如图 5-16 所示。

捻钞部分由下钞斗和捻钞轮组成。其功能是将钞券均匀地捻下送入传送带。捻钞是否均匀，计数是否准确，其关键在于下钞斗下端一组螺丝的松紧程度。使用机器点钞时，必须调节好螺丝，掌握好下钞斗的松紧程度。

计数部分（以电子计数器为例）由光电管、灯泡、计数器和数码管等组成。捻钞轮捻出的每张钞券通过光电管和灯泡后，由计数器记忆并将光电信号轮换到数码管上显示出来。数码管显示的数字即捻钞张数。

传送整钞部分由传送带、出钞口组成。传送带的功能是传送钞券并拉开钞券之间的距离，加大票币审视面，以便及时发现损伤券和假币。出钞口的功能是将落下的钞券堆放整齐，为扎把做好准备。

（1）点钞前的准备工作。

① 放置好点钞机。点钞机一般放在桌面上，点钞员的正前方，离胸约 30cm。临柜收付款时也可将点钞机放在点钞桌橱内，桌子台面上用玻璃板，以便看清数字和机器运转情况。

② 摆放好用品。机器点钞是连续作业，且速度相当快，因此清点的钞券和操作的用具摆放位置必须固定，这样才能做到忙而不乱。一般未点的钞券放在机器右侧，按大小票面顺序排列，从大到小或从小到大，切不可大小夹杂排列；经复点的钞券放在机器左侧；扎条应横放在点钞机前面即靠点钞员胸前的那一侧，其他各种用具放置要适当、顺手（见图 5-17）。

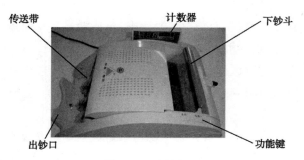

图 5-16 点钞机

图 5-17 摆放好用品

③ 试机。首先检查各机件是否完好，再打开电源，检查捻钞轮、传送带、出钞口运行是否正常；灯泡、数码管显示是否正常，如荧光数码管显示的不是"0"，那么按"0"键，使其复位。

（2）点钞机操作程序。点钞机的操作程序与手工点钞操作程序基本相同。如何正确地使用点钞机将直接影响点钞工作的有效性。使用点钞机的一般步骤如下。

① 准备点钞。将点钞机放在平稳的桌面上，插上电源，打开开关，此时点钞机的显示屏上显示为"0"。如果需要外接显示器，可将外接显示器连接在点钞机尾盖的外接插座上。

右手执钞券，大拇指在前，中指、无名指和小指在后，左手配合将钞券微微来回轻捻呈扇形。同时检查一下待点的钞券是否夹杂有残损破币，如果有的话需挑出，此外如果有折角的情况请先将钞券抚平（见图5-18）。

② 开始点钞。将同面额的一沓钞扇面朝上以一定的倾斜度放入下钞斗，不要用力。点钞机能自动完成点钞工作，同时在点钞机的显示屏上自动显示点钞的张数，而且有些点钞机可以通过功能设置键设置整点、鉴伪、混点等功能。待下钞斗中的钞券全部输送完后，计数器停止计数，钞券通过传送带到达出钞口，用左手将钞券拿起，墩齐后扎把、盖章（见图5-19）。

图5-18　准备点钞

图5-19　点钞完毕

（3）用点钞机点钞时的注意事项。机器点钞连续操作，归纳起来要做到"五个二"。

二看：看清跑道票面，看准钞券数。

二清：券别、把数分清，出钞口取清。

二防：防留张，防机器吃钞。

二复：发现钞券有裂缝和夹带纸片要复点，计数不准时要复点。

二经常：经常检查机器底部，经常保养、维修点钞机。

（4）机器点钞容易发生的差错和防范方法。在使用点钞机的过程中，还要能对常见的点钞机的故障进行正确的判断和排除，这样才能提高点钞机点钞的工作效率。

① 如果开机以后显示屏无显示，该怎么办呢？这种故障多数和电源有关系。可以查看一下电源是否有电，可以试着换一个插座。如果还是不行，可再检查一下机器的插座是否插好，将插座插紧。

② 如果点钞机出现计数不准的情况，该怎么办呢？首先要考虑是不是灰尘积累造成的，可以打开点钞机的盖板，用软笔刷将灰尘清理一下。如果清理之后还不能正常使用的话，可能

是易损元件使用寿命到期，可以通过更换易损元件来排除故障。换完以后再调整一下，一般就可以恢复正常了。

③ 如果开机以后有故障提示符号，该怎么办呢？可以根据说明书对照相应的提示符号来解决相应的故障。

除了上述提到的故障情况外，机器还可能出现其他的故障。但无论出现什么情况，在点钞机发生故障时都要养成一个习惯，及时检查点钞机里面有没有残留下东西，比如是否有纸币的碎角等挡住了机器的传感器，机器的可拆卸部分是不是没有接好等。如果没有以上情况，较安全可靠的办法就是请厂家专业的维修人员来维修，以使机器故障及早得到彻底的解决。

### 2. 硬币清点

清点硬币的方法有两种：一种是工具清点硬币，另一种是手工清点硬币。硬币量较多时需要用工具来清点，而一般清点硬币尾零款时手工清点。

（1）工具清点硬币法。清点硬币的工具叫硬币清点器（或硬币点算器）。目前，使用较普遍的有拉锁式和推动式两种清点器。具体操作方法如下。

① 准备工作。将清点器放在桌面上，准备好两角式的包装纸。

② 拆卷。可采用撕角法拆卷。双手大拇指、食指、中指捏住币卷两端，将两端折角打开，再将包装纸拉开，把硬币取出准备清点。

③ 清点。清点分为两种情况：一种是使用拉锁式清点器，将硬币放在币槽内，拉动旁边的制动器，使币槽内的硬币左右交错分开，目测每组 5 枚无误后，松开制动器复原，准备封卷（见图 5-20）；另一种是使用推动式清点器，与使用拉锁式硬币清点器基本相同，只是制动器安装的部位不一致，且需要双手大拇指推动制动器，使币槽内的硬币交错进行清点。

④ 封卷。双手的小指和无名指靠住硬币的两端，用双手的大拇指、食指和中指向中间将包装纸折压贴住硬币，然后大拇指将包装纸往前压，食指配合往后压，最后用食指和大拇指协同向前推动硬币。将包封的硬币两端多余的包装纸压平三次折起即可（见图 5-21）。

图 5-20　用拉锁式清点器清点　　　　　　图 5-21　封卷

⑤ 盖章。用左手推动硬币向前滚动，右手持图章按住硬币右端，顺势进行滚动。

（2）手工清点硬币法。

① 拆卷。将待拆卷的硬币放在新的包装纸上。右手握住硬币的 1/3 处，大拇指从左端往右端向下压开包装纸。包装纸压开后，用左手的食指平压硬币，右手把撕开的包装纸抽出。也

可用工具清点硬币的拆卷方法。

　② 清点。清点的时候用右手大拇指和食指从右向左分组清点，为了保证准确率，可以用右手的中指从一组中间分开查看，比如点 10 枚，从中间分开，一边 5 枚。

　③ 计数。采用分组计数法，一组为一次，每次清点的枚数相同，如每次清点 10 枚为一组，那么点 10 组即 100 枚。具体可以根据个人的熟练程度而定。

　④ 封卷。与工具清点硬币的封卷方法相同。

　⑤ 盖章。与工具清点硬币的盖章方法相同。

 **实训园地**

【综合实训】点钞练习训练

　实训项目：单指单张、多指多张点钞法，可以按教师指定的项目训练，也可以根据自己的情况选择项目训练。

　实训目的：职业技能训练是职业学校教学环节中的重中之重，是实现以就业为导向，培养满足行业急需的技能型人才的核心内容。希望学生严格要求，每天坚持训练，使技能水平不断提高。

　实训时间：每日训练。

　实训资料：记录表，如表 5-1 所示。

表 5-1　点钞练习记录表

| 班级 | | 姓名 | |
|---|---|---|---|
| 日期 | | 项目 | |
| 时间 | | 成绩 | |
| 第一周 | | | |
| 第二周 | | | |
| 第三周 | | | |
| 第四周 | | | |
| 第五周 | | | |
| 第六周 | | | |
| 第七周 | | | |
| 第八周 | | | |
| 第九周 | | | |
| 第十周 | | | |
| 第十一周 | | | |
| 第十二周 | | | |

# 单元 6　真假货币的识别

 **学习园地**

【**学习目标**】通过本单元的学习，要解决以下问题：

● 了解识别真假人民币的一般常识；

● 掌握第五套人民币（2005 年版）的票面特征、设计特点、防伪特征；

● 会运用基本的假币识别方法；

● 了解我国汇兑的两种常见外币（美元、欧元）的防伪知识；

● 了解假币的处理方法。

本单元通过对真假货币识别的介绍，使学生了解人民币的防伪特征，掌握识别假币的基本方法，不至于上当受骗，蒙受经济上的损失。

## 6.1　关于假币的基本知识

假币是相对于真币而言的，是犯罪分子根据不同目的，采用不同手段非法制作，并利用多种途径非法投放市场的假的纸币和硬币，一经发现一律收缴。

假人民币的流通，损害了人民币法定货币的地位和良好信誉，妨碍了人民币的正常流通，损害了广大人民群众的根本利益。因此，对制造、运输、贩卖、使用假币的违法犯罪活动必须进行严厉打击。各种人民币假币的主要特征和制作手段，一般可以归纳为伪造币和变造币两大类。

### 1. 伪造币

伪造币是仿照人民币图案、形状、色彩等，采用各种手段制作的假人民币。根据伪造手段和方式的不同，伪造币主要有机制假币、复印假币、拓印假币、刻板印刷假币等几种类型。特征如下。

（1）安全线。第一种伪造安全线，是在钞票正面使用灰黑色油墨印刷一个深色线条，背面用灰色油墨印刷开窗部分，无全息图文，或含有极模糊的"￥100"字样。此类伪造安全线无磁性特征（见图6-1）。

图6-1　第一种伪造的安全线

第二种伪造安全线，是在钞票正面用同样的方法印刷一个深色线条，背面则采用烫印方式将带有"￥100"字样的全息膜转移到票面上，其衍射图案与真钞安全线存在差异，且无磁性特征（见图6-2）。

（a）背面整体图　　　　　　　　（b）安全线开窗局部放大图

图6-2　第二种伪造的安全线

（2）正背主景印刷方式及凹印。截至目前，假钞的印刷工艺均是胶印、丝网等平印，质量很差。有些假钞为模仿真钞的凹印效果，在假钞的人像、衣服、团花及手感线等凹凸位置用坚硬的金属磨具进行了压痕处理，触摸有凹凸效果，应仔细观察（见图6-3）。

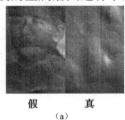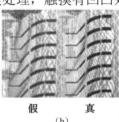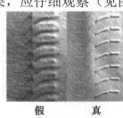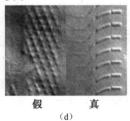

假　　　真　　　　　假　　　真　　　　　假　　　真　　　　　假　　　真
（a）　　　　　　　（b）　　　　　　　（c）　　　　　　　（d）

图6-3　正背主景印刷方式及凹印特征

（3）正背荧光防伪印记。伪造者使用从社会上购置的荧光油墨来模拟真钞的荧光印记，荧光亮度明显低于真钞，颜色与真钞存在差异（见图6-4）。

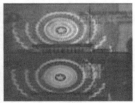

上半部分为假钞

图6-4　正背荧光防伪印记

（4）光变油墨面额数字。一种伪造方法是使用普通单色（100 元假钞为绿色）胶印，质量较差，无真钞特有的颜色变换特征，用手指触及其表面时无凹凸触感（见图 6-5）；另一种伪造方法是使用珠光油墨丝网印刷，有一定的光泽和闪光效果，但其线条粗糙，变色特征与真钞有较明显的区别，只有黄绿色珠光而不具备真钞由绿到蓝的变化（见图 6-6）。

上半部分为假钞

图 6-5　光变油墨面额数字

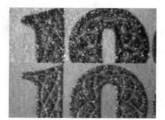

上半部分为假钞

图 6-6　珠光油墨丝网

（5）冠字号码。一般假钞使用普通黑色油墨胶印冠字号码，其形态与真钞冠字存在差异且不具备磁性特征，且假钞号码不规则、排列零乱（见图 6-7）。

上半部分为假钞

图 6-7　冠字号码

### 2．变造币

变造币是指在真币的基础上，利用挖补、揭层、涂改、拼凑、移位、重印等多种方法制作，改变真币原形态的假币。根据变造手段和方式的不同，变造币主要有拼凑变造币和揭页变造币这两种类型。

（1）将人民币一揭为二，正面保留，背面粘贴上假币（见图 6-8）。

图 6-8　变造币方法 1

（2）将人民币局部揭开，正面保留；将背面从水印部位与人民大会堂主景结合处揭去，然后粘贴上假币（见图6-9）。

图6-9　变造币方法2

（3）将人民币光变油墨面额数字挖去，然后粘贴上假的光变油墨面额数字。假光变油墨面额数字，不能随角度的变化而改变颜色（见图6-10）。

图6-10　变造币方法3

（4）将正面毛主席头像部分揭去，粘贴上假币；正、背面其他部分保留；横竖冠字号码不一致（见图6-11）。

图6-11　变造币方法4

（5）将人民币水印部位的1/4部分裁切掉，粘贴上相应假币；用无色透明胶带粘贴。粘贴对接较准，较难识别；水印和光变油墨面额数字不清晰、不变色，较易识别；在横冠字号码处粘贴上小面额的冠字号码，以欺骗磁性检测，主要针对金融机构的自助柜员设备；横竖冠字号码明显不一致，较易识别（见图6-12）。

（6）将人民币约1/2处裁切掉，粘贴上对应假币；横竖冠字号码不一致；对接不准，背面可以明显观察到错位情况（见图6-13）。

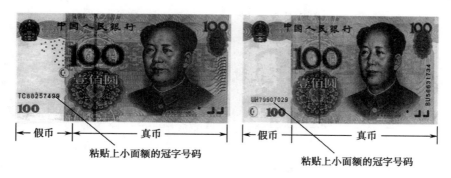

图 6-12　变造币方法 5

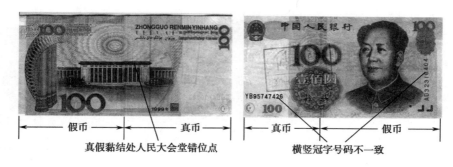

图 6-13　变造币方法 6

（7）将人民币不同部位裁切掉，然后粘贴上对应假币；粘贴时，因无色透明胶带全部覆盖粘贴，鉴别时手触摸不到票面；粘贴上的假币，故意撕裂开缝，让人产生错觉，认为属于正常残损人民币粘贴；横竖冠字号码不一致（见图 6-14）。

图 6-14　变造币方法 7

（8）将水印部位约 1/4 部分裁切掉，粘贴上相应假币；使用无色透明胶带粘贴。粘贴对接较准，较难发现；水印和光变油墨面额数字不清晰、不变色，较易识别；冠字号码部位涂抹有磁性材料，以防磁性检测（见图 6-15）。

图 6-15　变造币方法 8

## 6.2　识别真假人民币的基本方法

识别人民币纸币真伪，通常采用"一看、二摸、三听、四测"的方法。

一看：真币的水印清晰，安全线荧光清晰可见，假币安全线平视可见，荧光则模糊不清。仔细观察票面的颜色、图案、花纹、水印等外观情况，真币清晰流畅，立体感很强。

二摸：真币票面上行名、盲文、国徽等图案凹凸感很明显。人民币手感光洁、厚薄均匀并有韧性，假币厚薄不均，手感粗糙、松软，还有的表面涂有蜡状物，手摸打滑。人民币凹凸感明显，特别是人像处采用雕刻技术，可以感觉到人像发丝的层次感，但假币头发处很光滑。

三听：抖动或弹人民币声音很清脆，纸张耐折不易撕裂，但假币声音发闷，且容易撕断。

四测：借助简单工具和专用仪器进行钞票真伪的识别。识别假币最好是人机结合，机器只是起到辅助作用。目前银行在发现市面上假币的一些共性后，都会把情况反馈给制造验钞机的厂家，从而提高验钞机的识别能力。

## 6.3　第五套人民币的防伪特征

第五套人民币自 1999 年 10 月 1 日开始发行，至 2004 年 7 月 30 日，共发行 100 元、50 元、20 元、10 元、5 元、1 元六种纸币和 1 元、5 角、1 角三种硬币。与前四套人民币相比，第五套人民币具有鲜明的特点。经过专家论证，第五套人民币的印制技术已达到了国际先进水平；在设计上加入有代表性的图案，更加体现了我们伟大祖国悠久的历史和壮丽的山河；主景人像、水印、面额数字均较以前放大，便于群众识别，收到了较好的社会效果；应用了先进的科学技术，在防伪性能和适应货币处理现代化方面较前四套人民币更加先进、更加成熟。总之，第五套人民币是一套科技含量高、具有鲜明民族特色的货币。

为了提高第五套人民币的印制工艺和防伪技术，经国务院批准，中国人民银行对第五套人民币（1999 年版）的生产工艺、技术进行了改进和提高。改进、提高后的 2005 年版第五套人民币 100 元、50 元、20 元、10 元、5 元纸币和 1 角硬币，于 2005 年 8 月 31 日发行流通。现以 2005 年版人民币 100 元为例，介绍人民币的防伪特征。

根据中华人民共和国国务院令,中国人民银行于 2005 年 8 月 31 日,在全国发行第五套(2005 年版)人民币 100 元券。

### 1．票面特征

2005 年版 100 元钞票主色调为红色,票幅长 155mm、宽 77mm。票面正面主景为毛主席头像,左侧为"中国人民银行"行名、阿拉伯数字"100"、面额"壹佰圆"和椭圆形花卉图案。票面左上角为中华人民共和国国徽图案,票面右下角为盲文面额标记,票面正面印有双色异形横号码。票面背面主景为人民大会堂图案,左侧为人民大会堂内圆柱图案,票面右上方为面额和"中国人民银行"的汉语拼音字母和蒙、藏、维、壮四种民族文字的"中国人民银行"字样。

### 2．设计特点

第五套人民币 100 元券将国际先进的计算机辅助设计方法与我国传统手工绘制有机结合,既保留了中国传统钞票的设计特点,又具有鲜明的时代特征。其特点如下。

(1)突出"三大",即大人像、大水印、大面额数字,既便于群众识别,又增强防伪功能。

(2)取消了传统设计中以花边、花球为框的设计形式,整个票面呈开放式结构,增加了防伪设计空间。

(3)背面主景设计采取组合风景方式、焦点透视和散点透视相结合的技艺,体现了中国文化特色,图纹花边设计既保持了货币的传统风格和特点,又具有防伪功能。

(4)票面简洁、线纹清晰、色彩亮丽。

(5)增加了机读技术,便于现代化机具清分处理。

## 6.4　第五套人民币 2005 年版与 1999 年版的异同

第五套人民币 2005 年版与 1999 年版特征点异同如表 6-1~表 6-5 所示。

表 6-1　第五套人民币 2005 年版与 1999 年版特征点异同(100 元)

| | 1999 年版 | 2005 年版 |
| --- | --- | --- |
| 不同点 | | 增加白水印,位于正面双色异性横号码下方 |
| | | 增加凹印手感线,位于正面主景图案右侧 |
| | | 增加防复印技术 |
| | | 增加特种标记,位于正面行名下方无色荧光油墨印刷图案处 |
| | 光变油墨面额数字位于正面左下角的对印图案右侧 | 调整对印图案、变油墨面额数字位置 |
| | 隐性面额数字与眼睛平行后进行 45°、90°角旋转 | 隐性面额数字与眼睛水平位置,上下倾斜晃动 |
| | 全埋磁性缩微文字安全线 | 全息磁性开窗安全线,背面开窗 |

续表

| | 1999 年版 | 2005 年版 |
|---|---|---|
| 不同点 | 横竖双色号码，两位冠子大，八位数字小 | 双色异形横号码，中间数字大，左右逐渐变小，两位冠字、八位数字 |
| | 背面主景下方的凹印缩微文字"RMB100"和"人民币"长度穿过面额数字"100" | 背面主景下方的凹印缩微文字"RMB100"和"人民币"长度缩短，不超过"YUAN" |
| | | 取消了纸张中的红蓝彩色纤维 |
| | 背面年号为 1999 年 | 背面年号为 2005 年 |
| | | 中性抄纸技术 |
| 相同点 | 正面：在特定波长的紫外光下，可看到纸张中不规则分布的黄色和蓝色荧光纤维，以及采用无色荧光油墨印刷的面额数字"100"字样的图案。<br>背面：采用有色荧光油墨印刷的浅色胶印图纹红，在特定波长的紫外光下显现桔黄色荧光图案 | |

表 6-2　第五套人民币 2005 年版与 1999 年版特征点异同（50 元）

| | 1999 年版 | 2005 年版 |
|---|---|---|
| 不同点 | | 增加白水印，位于正面双色异性横号码下方 |
| | | 增加凹印手感线，位于正面主景图案右侧 |
| | | 增加特种标记，位于正面行名下方无色荧光油墨印刷图案处 |
| | | 增加防复印技术 |
| | 光变油墨面额数字位于正面左下角的对印图案右侧 | 光变油墨面额数字位于正面左下角 |
| | 隐性面额数字与眼睛平行后进行 45°、90° 角旋转 | 隐性面额数字与眼睛水平位置，上下倾斜晃动 |
| | 全埋磁性缩微文字安全线 | 全息磁性开窗安全线，背面开窗 |
| | 横竖双色号码，两位冠字大，八位数字小 | 双色异形横号码，中间大，左右逐渐变小，两位冠字、八位数字 |
| | 背面主景下方的凹印缩微文字"RMB50"和"人民币"，长度与面额数字"50"相交 | 背面主景下方的凹印缩微文字"RMB50"和"人民币"，长度缩短，不超过"YUAN" |
| | | 取消了纸张中的红蓝彩色纤维 |
| | 背面年号为 1999 年 | 背面年号为 2005 年 |
| | | 中性抄纸技术 |
| 相同点 | 正面：在特定波长的紫外光下，可看到纸张中不规则分布的黄色和蓝色荧光纤维，以及采用无色荧光油墨印刷的面额数字"50"字样的图案。<br>背面：采用有色荧光油墨印刷的黄绿色胶印图纹，在特定波长的紫外光下显现黄色荧光图案 | |

表 6-3　第五套人民币 2005 年版与 1999 年版特征点异同（20 元）

| | 1999 年版 | 2005 年版 |
|---|---|---|
| 不同点 | | 增加白水印，位于正面双色异形横号码下方 |
| | | 增加特种标记，位于正面行名下方无色荧光油墨印刷图案处 |
| | | 增加防复印技术 |

续表

| 1999 年版 | 2005 年版 |
|---|---|
| | 增加凹印手感线，位于正面主景图案右侧 |
| | 增加胶印对印图案，位于正面左下角 |
| 背面主景、面额数字、汉语拼音行名为胶印平印 | 背面主景、面额数字、汉语拼音行名为雕刻凹版印刷 |
| 隐性面额数字与眼平行后进行 45°、90°角旋转 | 隐性面额数字与眼睛水平位置，上下倾斜晃动 |
| 全埋磁性间断安全线 | 全息磁性开窗安全线，正面开窗 |
| | 增加凹印缩微文字，背面主景图案下方的"RMB20"和"人民币"字样 |
| | 取消了纸张中的红蓝彩色纤维 |
| 背面年号 1999 年 | 背面年号 2005 年 |
| | 中性抄纸技术 |

**不同点** 对应上述不同点各行。

| 相同点 | 正面：在特定波长的紫外光下，可看到纸张中不规则分布的黄色和蓝色荧光纤维，以及采用无色荧光油墨印刷的面额数字"20"字样的图案。 |
|---|---|
| | 背面：在特定波长的紫外光下中间偏左淡绿色部分显现绿色荧光图案 |

表 6-4　第五套人民币 2005 年版与 1999 年版特征点异同（10 元）

| 1999 年版 | 2005 年版 |
|---|---|
| | 增加凹印手感线，位于正面主景右侧 |
| | 增加特种标记，位于正面行名下方无色荧光油墨印刷图案处 |
| | 增加防复印技术 |
| | 增加汉语拼音"YUAN"，位于背面左下方 |
| 背面凹印缩微文字"RMB10"和"人民币"，与左下角面额数字"10"相交 | 背面凹印缩微文字"RMB10"和"人民币"，长度变短，不超过"YUAN"字 |
| | 取消了纸张中的红蓝彩色纤维 |
| 背面年号为 1999 年 | 背面年号为 2005 年 |

| 相同点 | 正面：在特定波长的紫外光下，可看到纸张中不规则分布的黄色和蓝色荧光纤维，以及采用无色荧光油墨印刷的面额数字"10"字样的图案。 |
|---|---|
| | 背面：采用有色荧光油墨印刷的黄绿色胶印图纹，在特定波长的紫外光下显现黄色荧光图案。 |
| | 花卉水印、白水印，全息开窗磁性安全线，手工雕刻头像、胶印对印图案、雕刻凹版印刷、双色横号码相同 |

表 6-5　第五套人民币 2005 年版与 1999 年版特征点异同（5 元）

| 1999 年版 | 2005 年版 |
|---|---|
| | 增加凹印手感线，位于正面主景右侧 |
| | 增加特种标记，位于正面行名下方无色荧光油墨印刷图案处 |
| | 增加防复印技术 |

续表

| | 1999 年版 | 2005 年版 |
|---|---|---|
| 不同点 | | 增加汉语拼音"YUAN"，位于背面左下方 |
| | 隐性面额数字与眼睛平行后进行 45°、90°角旋转 | 调整隐性面额数字与眼睛水平位置，上下倾斜晃动 |
| | 背面主景下方的凹印缩微文字"RMB5"和"人民币"，与左下角面额数字"5"相接 | 调整背面主景下方的凹印缩微文字"RMB5"和"人民币"，长度缩短，不超过"YUAN" |
| | | 取消了纸张中的红蓝彩色纤维 |
| | 背面年号为 1999 年 | 背面年号为 2005 年 |
| | | 中性抄纸技术 |
| 相同点 | 正面：在特定波长的紫外光下，可看到纸张中不规则分布的黄色和蓝色荧光纤维，以及采用无色荧光油墨印刷的面额数字"5"字样的图案。 | |
| | 背面：采用有色荧光油墨印刷的绿色胶印图纹，在特定波长的紫外光下显现绿色荧光图案 | |

## 6.5 美元与欧元的防伪特征

### 1．美元的防伪常识

美元（见图 6-16）是美利坚合众国的官方货币，是 1792 年美国铸币法案通过后出现的。目前流通的美元纸币是自 1929 年以来发行的各版钞票，它同时也作为储备货币在美国以外的国家广泛使用。当前美元的发行是由美国联邦储备系统控制的。从 1913 年起美国建立联邦储备制度，发行联邦储备券。美元的发行主管部门是国会，具体发行业务由联邦储备银行负责办理。美元是外汇交换中的基础货币，也是国际支付和外汇交易中的主要货币，在国际外汇市场中占有非常重要的地位。

图 6-16　美元纸币

现行流通的美元纸币有三类，数量最多的是联邦储备钞票，总面额占流通钞票的 99%。

其余的 1%是合众国钞票和银元票，均已停止印制，在市面上偶尔可以见到。

不同种类的美元纸币只要面额相同，其正、背面的主景图案就是相同的，但票面上的财政部徽章和冠字号码的颜色不同，如联邦储备钞票上的徽章和冠字号码是绿色的，合众国钞票上的是红色的，银元票上的是蓝色的。下面重点介绍联邦储备钞票。

（1）美元纸币的票面特征。美元是国际印钞界公认的设计特征变化最少的钞票之一。虽经多次改版，但不同版别的钞票变化并不大，只是防伪功能得到不断加强。美元纸币票面尺寸不论面额和版别均为 156mm×66mm。正面主景图案为人物头像，主色调为黑色。背面的主景图案为建筑，主色调为绿色。不同版别的颜色略有差异，如 1934 年版背面为深绿色；1950 年版背面为草绿色；1963 年版以后各版背面均为墨绿色。

（2）美元纸币的防伪特征。

① 专用纸张：美钞的纸张主要由棉、麻纤维抄造而成。纸张坚韧、挺括，在紫外光下无荧光反应。

② 固定人像水印：1996 年版美元纸张加入了与票面人物头像图案相同的水印。

③ 红、蓝彩色纤维丝：从 1885 年版起，美钞纸张中加入了红、蓝彩色纤维丝。从 1885 年版到 1928 年版美钞的红、蓝彩色纤维采用的是定向施放，即红、蓝纤维丝分布在钞票的正中间，由上至下形成两条狭长条带。1929 年版及以后各版中的红、蓝彩色纤维丝则随机分布在整张钞票中。

④ 文字安全线：从 1990 年版起，5～100 美元各面额纸币的纸张中加入了一条全埋文字安全线。安全线上印有"USA"及阿拉伯或英文单词面额数字字样。1996 年版 50 美元、20 美元安全线上还增加了美国国旗图案。1996 年版美元的安全线还是荧光安全线，在紫外光下呈现出不同的颜色，100 美元、50 美元、20 美元、10 美元、5 美元的安全线分别为红色、黄色、绿色、棕色和蓝色。

⑤ 雕刻凹版印刷：美元正、背面的人像、建筑、边框及面额数字等均采用雕刻凹版印刷，用手触摸有明显的凹凸感。1996 年版美元的人像加大，形象也更生动。

⑥ 凸版印刷：美元纸币上的库印和冠字号码是采用凸版印刷的，在钞票背面的相应部位用手触摸有凹凸感。

⑦ 细线印刷：1996 年版美元正面人像的背景和背面建筑的背景采用细线设计，该设计有很强的防复印效果。

⑧ 凹印缩微文字：从 1990 年版起，在美元人像边缘中增加一条由凹印缩微文字组织的环线，缩微文字为"THEUNITEDSTATESOFAMERICA"。1996 年版 100 美元和 20 美元还分别在正面左下角面额数字中增加了"USA100"和"USA20"字样缩微文字，50 美元则在正面两侧花边中增加了"FIFTY"字样缩微文字。

⑨ 冠字号码：美元纸币正面均印有两组横号码，颜色为翠绿色。1996 年版以前的美元冠字号码由 1 位冠字、8 位数字和 1 个后缀字母组成，1996 年版美元增加了一位冠字，用以代表年号。

⑩ 光变面额数字：1996 年版 100 美元、50 美元、20 美元、10 美元正面左下角面额数字是用光变油墨印刷的，在与票面垂直角度观察时呈绿色，将钞票倾斜一定角度则变为黑色。

⑪ 磁性油墨：美元正面凹印油墨带有磁性，用磁性检测仪可检测出。

（3）美元的真伪鉴别。那么，该如何鉴别美元的真伪呢？首先要对各版别真钞的票面特征和防伪特征进行全面的了解并熟练掌握，然后采用直接对比法（眼看、手摸、耳听）和仪器检测法进行鉴别，即通常所说的"一看、二摸、三听、四测"。

① 看：首先，看票面的颜色。真钞正面主色调为黑色，背面为墨绿色（1963 年版以后各版），冠字号码和库印为翠绿色，并都带有柔润光泽。假钞颜色相对不够纯正，色泽也较暗淡。其次，看票面图案、线条的印刷效果。真钞票面图案均是由点、线组成的，线条清晰、光洁（有些线条有轻微的滋墨现象，属正常），图案层次及人物表情丰富，人物目光有神。假钞线条发虚、发花，有丢点、线的情况，图案缺乏层次，人物表情呆滞，眼睛无神。再次，看光变面额数字。1996 年版 10 美元以上真钞均采用了光变面额数字，变换观察角度，可看到颜色由绿变黑。假钞或者没有变色效果，或者变色效果不够明显，颜色较真钞也有差异。最后，透光看纸张、水印和安全线。美元纸张有正方形的网纹，纹路清晰，纸中有不规则分布的彩色纤维；1996 年版起，美元纸张加入了与票面人物头像图案相同的水印，水印层次丰富，有较强的立体感；1990 年版起，5 美元以上面额纸币中加入了文字安全线，线条光洁、线上文字清晰。假钞纸张上或者没有网纹，或者网纹比较零乱；水印图案缺乏层次和立体感，安全线上文字线条粗细不均，字体变形。

② 摸：一是摸钞纸。真钞纸张挺括，光滑度适宜，有较好的韧性。而假钞纸张相对绵软，挺度较差，有的偏薄、有的偏厚，光滑度或者较高，或者较低。二是摸凹印手感。真钞正、背面主景图案及边框等均采用凹版印刷，手摸有明显的凹凸感。假钞或者采用平版胶印，根本无凹印手感；或者即使采用凹版印刷，其版纹也比真钞浅，凹印手感与真钞相比仍有一定的差距。

③ 听：用手抖动或用手指弹动纸张，真钞会发出清脆的声响，假钞的声响则较为沉闷。

④ 测：一是用放大镜观察凹印缩微文字。从 1990 年版起，5 美元以上面额纸币加印了凹印缩微文字，在放大镜下观察，文字清晰可辨。假钞的缩微文字则较为模糊。二是用磁性检测仪检测磁性。真钞的黑色凹印油墨含有磁性材料，用磁性检测仪可检测出磁性。假钞或者没有磁性，或者磁性强度与真钞有别。三是用紫外光照射票面。真钞纸张无荧光反应，假钞有的有明显的荧光反应；1996 年版美元安全线会有明亮的荧光反应，假钞安全线有的无荧光反应，有的即使有荧光反应，也是亮度较暗，颜色也不正。

美国联邦储备券 2004 年版 50 元及 2003 年版 100 元防伪特征如图 6-17 和图 6-18 所示。

图 6-17　美国联邦储备券 2004 年版 50 元防伪特征

图 6-18　美国联邦储备券 2003 年版 100 元防伪特征

紫外全幅特征　　　　　　　　　　　红外全幅特征

图 6-18　美国联邦储备券 2003 年版 100 元防伪特征（续）

**2．欧元的防伪常识**

欧元（见图 6-19）是 2002 年 1 月 1 日开始发行的，最初，在欧元区 11 个成员国家（比利时、德国、西班牙、法国、爱尔兰、意大利、芬兰、葡萄牙、奥地利、荷兰、卢森堡）中成为唯一的法定货币。欧元共有 7 种券别的纸币和 8 种券别的硬币。

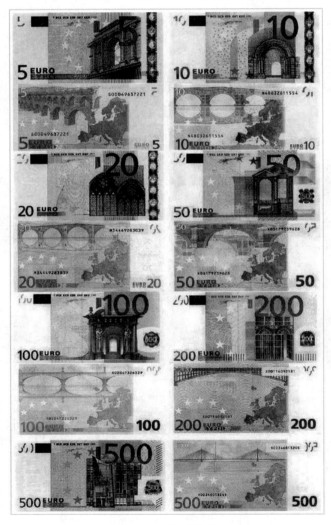

图 6-19　欧元纸币

（1）欧元纸币的票面特征。欧元纸币是由奥地利中央银行的 Robert Kalina 设计的，主题是"欧洲的时代和风格"，描述了欧洲悠久的文化历史中 7 个时期的建筑风格。其中，还包含了一系列的防伪特征和各成员国的代表特色。

在纸币的正面图案中，窗户和拱门象征着欧洲的开放和合作。代表欧盟成员国的五星则象征着当代欧洲的活力和融洽。

纸币背面图案中，描述了 7 个不同时代的欧洲桥梁和欧洲地图，寓意欧盟各国之间、欧盟与全世界的紧密合作和交流。

7 种不同券别的纸币采用了不同颜色为主色调，规格也随面值的增大而增大。除此以外，欧元纸币还有以下主要特征。

① 用拉丁文和希腊文标明的货币名称。

② 用 5 种不同语言文字的缩写形式注明的"欧洲中央银行"的名称。

③ 版权保护标识符号。

④ 欧洲中央银行行长签名。

⑤ 欧盟旗帜。

（2）欧元纸币的防伪特征。欧元采用了多项先进的防伪技术，主要有以下几个方面。

① 水印：欧元纸币均采用了双水印，即与每一票面主景图案相同的门窗图案水印及面额数字白水印。

② 安全线：欧元纸币采用了全埋黑色安全线，安全线上有欧元名称（EURO）和面额数字。

③ 对印图案：欧元纸币正、背面左上角的不规则图形正好互补成面额数字，对接准确，无错位。

④ 凹版印刷：欧元纸币正面的面额数字、门窗图案、欧洲中央银行缩写及 200 欧元、500 欧元的盲文标记均是采用雕刻凹版印刷的，摸起来有明显的凹凸感。

⑤ 珠光油墨印刷图案：5 欧元、10 欧元、20 欧元背面中间用珠光油墨印刷了一个条带，不同角度下可呈现不同的颜色，而且可看到欧元符号和面额数字。

⑥ 全息标识：5 欧元、10 欧元、20 欧元正面右边贴有全息薄膜条，变换角度观察可以看到明亮的欧元符号和面额数字；50 欧元、100 欧元、200 欧元、500 欧元正面的右下角贴有全息薄膜块，变换角度观察可以看到明亮的主景图案和面额数字。

⑦ 光变面额数字：50 欧元、100 欧元、200 欧元、500 欧元背面右下角的面额数字是用光变油墨印刷的，将钞票倾斜一定角度，颜色由紫色变为橄榄绿色。

⑧ 无色荧光纤维：在紫外光下，可以看到欧元纸张中有明亮的红、蓝、绿三色无色荧光纤维。

⑨ 有色荧光印刷图案：在紫外光下，欧盟旗帜和欧洲中央银行行长签名的蓝色油墨变为绿色；五星由黄色变为橙色；背面的地图和桥梁则全变为黄色。

⑩ 凹印缩微文字：欧元纸币正、背面均印有缩微文字，在放大镜下观察，真币上的缩微文字线条饱满且清晰。

（3）欧元纸币的识别方法。同识别人民币一样，识别欧元纸币也同样要采用"一看、二摸、三听、四测"的方法。

① 看：一是迎光透视，主要观察水印、安全线和对印图案；二是晃动观察，主要观察全息标识，5 欧元、10 欧元、20 欧元背面的珠光油墨印刷条状标记和 50 欧元、100 欧元、200 欧元、500 欧元背面右下角的光变油墨面额数字。

② 摸：一是摸纸张，欧元纸币纸张薄、挺度好，摸起来不滑、密实，在水印部位可以感到有厚薄变化；二是摸凹印图案，欧元纸币正面的面额数字、门窗图案、欧洲中央银行缩写及 200 欧元、500 欧元的盲文标记均是采用雕刻凹版印刷的，摸起来有明显的凹凸感。

③ 听：用手抖动纸币，真钞会发出清脆的声响。

④ 测：用紫外灯和放大镜等仪器检测欧元纸币的专业防伪特征。在紫外光下，欧元纸张无荧光反应，同时可以看到纸张中有红、蓝、绿三色荧光纤维；欧盟旗帜和欧洲中央银行行长签名的蓝色油墨变为绿色；五星由黄色变为橙色；背面的地图和桥梁则全变为黄色。欧元纸币正、背面均印有缩微文字，在放大镜下观察，真币上的缩微文字线条饱满且清晰。

2002 年版 500 欧元的防伪特征如图 6-20 所示。

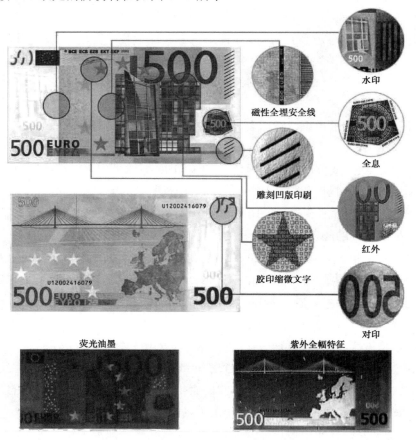

图 6-20　2002 年版 500 欧元防伪特征

## 6.6　假钞的处理

　　人民币是我国以国家信用为基础的法定货币，是国家主权的象征。随着我国经济持续快速健康的发展，社会财富得到快速积累，人民群众收入不断增加，人民币在国内外的信誉空前提高。与此同时，一些违法犯罪分子不惜铤而走险，进行制造、贩卖假人民币的犯罪活动，并不断变换犯罪手法和方式。制贩假币，像一个嗜血的幽灵，以非法的手段剥夺和占有国民财富，干扰货币流通的正常秩序，侵蚀国民经济的健康肌体，严重损害人民群众的切身利益。

### 1．发现假人民币的处理方法

　　（1）单位的财会出纳人员，在收付现金时发现假币，应立即送交附近的银行鉴别。

　　（2）单位发现可疑币不能断定其真假时，发现单位不得随意加盖假币戳记和没收，应向持币人说明情况，开具临时收据，连同可疑币及时报送中国人民银行当地分支银行鉴定。经中国人民银行鉴定，确属假币时，按发现假币后的处理方法处理，若确定不了是假币时，应及时将钞票退还持币人。

　　（3）广大群众在日常生活中发现假币，应立即就近送交银行鉴定，并向公安机关和银行举报及提供有关详情，协助破案。

　　（4）银行收到假币时，应按规定予以没收，并当着顾客面在假币上加盖假币戳记印章，同时开具统一格式的"假人民币没收收据"给顾客，并将所收假币登记造册，妥善保管，定期上缴中国人民银行当地分支银行。

　　（5）假币没收权属于银行、公安和司法部门。其他单位和个人若发现假币，按上述办法处理或按当地反假币法规所规定的办法办理。

### 2．制贩假币，国法不容

　　制造、贩运和有意使用假人民币是一种妨害国家货币流通的违法行为，对参与者要依法追究刑事责任。

　　（1）违法行为。

　　① 伪造或变造人民币。

　　② 出售、购买伪造或变造的人民币。

　　③ 运输、持有、使用伪造或变造的人民币。

　　④ 故意毁损人民币，如有的人为了满足自己的虚荣心，肆意将大量人民币撕毁或用火烧掉，或者在人民币上乱写乱画，严重损害了人民币的尊严；还有的人将 50 元、100 元上的防伪金属安全线抽掉等。

　　⑤ 在宣传品、出版物或其他商品上非法使用人民币图样。

　　（2）案例。

　　案例一：制造近百万元假币 法院一审被判无期

据《温州都市报》报道，2010 年 4 月 23 日，温州市中级人民法院对伪造近百万元硬币的江奉建做出一审判决，以伪造货币罪判其无期徒刑，追缴犯罪所得。

江奉建，四川人，在温州务工。2007 年 12 月，他委托一家加工店制作了 2007 年版一元人民币硬币的制假工具。之后又购得一台二手液压机和坯料，伪造了 90 多万枚 2007 年版一元人民币硬币并售出。

案发后，江奉建坚称，伪造和出售伪币是为给父亲治病，企图以此为理由减轻处罚。法院认为，江奉建以牟利为目的，伪造货币，数量、数额特别巨大，其行为已构成伪造货币罪。而且，江奉建将伪造的货币全部予以出售，严重破坏了国家的货币金融管理秩序，其辩称为父治病的动机没有事实依据，不予采信，依法应当从重处罚，一审判处无期徒刑，并追缴犯罪所得。

案例二：建行三门峡市分行营业部成功识破一起利用自助设备诈骗案

2010 年 7 月 3 日上午 11 时许，两名 20 岁左右的男青年进入建行三门峡分行营业部自助银行服务区取款。取款后，二人熟练地将两张 100 元假钞调换到手中的现金里，然后向营业部员工称取出了假钱，威胁要报警并向其分行进行投诉。营业部员工沉着冷静，一方面不动声色稳住二人，另一方面迅速查看监控录像，通过监控录像识破了二人的诈骗伎俩后，立即拨打 110 报警。在公安机关的审问下，二人供述了诈骗事实。

公安机关给予二人行政拘留 15 天，罚款 2000 元的治安处罚，有效打击了不法分子的嚣张气焰。

案例三：佳木斯地区发生假币丢包诈骗案

春节将至时，各种诈骗活动便会有所增加。佳木斯汤原县发生的一起假币诈骗案就采用了"拾包分钱"的老骗术。

2010 年 12 月 6 日，汤原县居民杨某回家途中，在地上发现一个手包，此时，后面跟上来一个中年妇女怂恿其捡起来看看里面有什么。杨某拉开包，发现里面有不少钱。这时，又有一个人慌慌张张地向她们跑来，中年妇女示意杨某把包藏起来。那人到她们面前说：你们看到一个包了吗，包里有三万多块钱呢。中年妇女马上说：我们没看到，你还是到别处找找吧。那人走后，中年妇女要求找个人少的地方将捡到的钱平分，钱先由杨某拿着，但要抵押些值钱的东西给她。杨某信以为真，就把自己价值 6000 余元的金手镯、金戒指等物品交给了中年妇女。杨某在约定的地方等不到中年妇女，打开手包后才发现里面的钱不像真的，于是到公安局报案。经人民银行汤原县支行反假人员鉴定，手包内发现的 328 张 2005 年版 100 元券人民币均为彩色打印假币。

近年来，以假币为道具，利用"仙人跳"、"拾包分钱"、"找零调包"等骗术坑害群众的案件时有发生，广大群众应提高警惕，谨防上当受骗。

案例四：北京市破获一起变造 1980 年版 50 元人民币诈骗案

2011 年 1 月 29 日，北京市石景山公安分局八角派出所接到市民董某报案，称其先后于 2011 年 1 月 22 日和 1 月 25 日从石景山区田园美早市某地摊摊主处购买了 101 张疑似假 1980 年版 50 元人民币，购入价分别为每张 700 元（购买 1 张）和 920 元（购买 100 张）。

经人民银行营业管理部鉴定，本次涉案的 101 张 1980 年版 50 元人民币均由 1990 年版 50 元人民币变造而成，属于变造人民币。

案例五：浙江苍南县破获一起假币贩运案

2011 年春运期间，浙江省苍南县长运公司一辆客车上一个多日无人认领的包裹引起了车主的警觉。打开后发现是成捆的 2005 年版 100 元假币，车主马上向苍南县公安机关报案。

苍南公安局对假币进行了没收，并组织警力开展侦破工作。2011 年 3 月 9 日，犯罪嫌疑人梁某（江西省修水县人）被警方抓获。据交代，2011 年 2 月 8 日，犯罪嫌疑人梁某和其朋友阿方共同出资 50000 元，以 11：100 的比例在广东揭石内湖服务区一名中年男子处购得 2005 年版 100 元假币 40 多万元。2 月 9 日，犯罪嫌疑人梁某携假币搭乘广州至苍南客车，途经福建宁德云淡服务区时未及时返回客车，将装有假币的包裹遗落在客车上。因担心被人发觉，一直不敢认领包裹。

2011 年 3 月 15 日，人民银行苍南县支行对上述假币进行鉴定、清点，共没收 2005 年版 100 元假币 4766 张，金额共计 476600 元，冠字号码分别为 WL15623962、WL15623965、WL156239670。该批假币制作粗糙，水印模糊，纸张平滑，极易辨别。

 **实训园地**

【实训】鉴别人民币真伪

实训项目：指出人民币 100 元券的防伪特征。

实训目的：通过本实训，使学生明确人民币的防伪特征，能利用人工鉴别的方法识别人民币的真伪。

实训时间：45 分钟。经过反复训练，识别能力逐渐加强。

实训资料：人民币 100 元券的样币（见图 6-21）。

（a）正面

（b）背面

图 6-21　人民币 100 元券样币

实训要求：将人民币 100 元券用方框框出的防伪特征写出来。

考核标准如表 6-6 所示。

表6-6　考核标准

| 实训评价等级 | 实训评价标准 |
| --- | --- |
| 优秀 | 3分钟内能迅速说出人民币11个识别点的名称及在钞票中的位置 |
| 良好 | 5分钟内能迅速说出人民币11个识别点的名称及在钞票中的位置 |
| 合格 | 10分钟内能迅速说出人民币11个识别点的名称及在钞票中的位置 |

## 课后练习

**一、填空题**

1. 识别人民币真伪，通常采用_____、_____、_____、_____的方法。

2. 第五套人民币（2005年版）的100元、50元纸币的固定水印为_____。

3. 假人民币包括_____和_____。

4. 变造的人民币主要有_____和_____。

5. 伪造的人民币主要有_____、_____、_____和_____。

**二、判断题**

1. 在集体活动收钱时，为避免收到假币，可以用铅笔在票面上写上姓名。　（　　）

2. 现在流通的人民币5角的硬币金黄色很好看，可以打个孔穿丝线挂在脖子上。（　　）

3. 遇到外国人想买一些人民币留做纪念，我们为了表示友好可以与之兑换一些。（　　）

4. 以人民币支付中华人民共和国境内的一切公共的和私人的债务时，遇有残缺污损人民币，单位和个人可以拒收。　（　　）

5. 单位持有伪造、变造的人民币，应当及时上交中国人民银行、公安机关或办理人民币存取款业务的金融机构，而个人持有时可悄悄地花掉。　（　　）

**三、简答题**

1. 识别真假人民币的基本方法有哪些？

2. 发现假人民币应如何处理？

3. 2005年版的第五套人民币的票面有何特征？

# 单元 7　票据的书写与鉴别

 **学习园地**

【**学习目标**】通过本单元的学习，要解决以下问题：

● 掌握阿拉伯数字的标准写法；

● 掌握中文大写数字的标准写法；

● 掌握大、小写金额的书写；

● 掌握常见票据的书写；

● 掌握支票、本票、汇票的鉴别。

本单元通过对数字书写的介绍，使学生掌握常见票据的书写，并通过一系列实训使学生能够规范、清晰、流畅地书写数字及常见的票据，为将来从事财务工作打下良好的基础。

## 7.1　票据的书写规范

### 1．阿拉伯数字的书写

票据的书写中，数字的书写与订正是最基本的技能。我国经济工作中常用的数字有两种：阿拉伯数字和中文大写数字，另外还有数位名称专用汉字。下面简要介绍两种数码字的书写及要求。

会计阿拉伯数字书写应规范。阿拉伯数字的标准写法如图 7-1 所示，在书写时要符合以下要求。

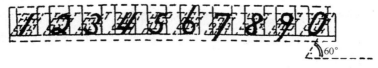

图 7-1　阿拉伯数字的标准写法

（1）阿拉伯数字应当一个一个地写，不得连笔写。

（2）字体要各自成形，大小均匀，排列整齐，字迹工整、清晰。

（3）有圆的数字，如6、8、9、0等，圆圈必须封口。

（4）同行的相邻数字之间要空出半个阿拉伯数字的位置。

（5）每个数字要紧靠账表行格底线书写，字体高度占行格高度的1/2以下，不能写满格，以便留有改错的空间，也显得清晰、美观。

（6）"6"字要比一般数字向右方长出1/4，"7"和"9"字要向左下方（过底线）长出1/4。

（7）字体要自右上方向左下方倾斜书写，倾斜度约为60°。

### 2．中文大写数字的书写

中文大写数字的标准写法为零、壹、贰、叁、肆、伍、陆、柒、捌、玖、拾、佰、仟、万、亿、圆（元）、角、分、整。在书写时要符合以下要求。

（1）中文大写数字要以正楷或行书字体书写，不得连笔写。

（2）不能使用未经国务院公布的简体字，如账簿的"账"字不能写成"帐"字。

（3）字体各自成形，大小均匀，排列整齐，字迹工整、清晰。

（4）不允许使用未经国务院公布的简化字或谐音字。不能使用一、二、三、四、五、六、七、八、九、十、廿、念、毛、另（或〇）等字样，不得自造简化字。

如果金额数字书写中使用繁体字，如贰、陆、億、萬、圆也符合要求。

中文大写数字主要用于支票、传票、发票等重要票据，中文大写数字庄重、笔画繁多、可防篡改，有利于避免混乱和经济损失。

书写中文大写数字应注意以下几点。

（1）中文大写是由数字和数位两部分组成的，两者缺一不可。数字包括零、壹、贰、叁、肆、伍、陆、柒、捌、玖；数位包括拾、佰、仟、万、亿、圆（元）、角、分、整等。数字和数位一定要规范用字，切不可自造字，以防篡改。

（2）大写金额货币前须冠货币或货物的名称，有固定格式的重要单证，大写金额栏一般都印有"人民币"字样，数字须紧连在"人民币"后面书写，在"人民币"与数字之间不得留有空位。大写金额栏没有印好"人民币"字样的，应加填"人民币"三字，如￥46.18写成"人民币肆拾陆元壹角捌分"。若为外币须冠外币名称，如美元、欧元、日元等。

（3）有关"零"的写法。遇到空位汉字，大写金额要写"零"字，遇到两个或两个以上的"0"连在一起时，只需填写一个"零"即可。例如，￥305.76写成"人民币叁佰零伍元柒角陆分"，￥3 005.76写成"人民币叁仟零伍元柒角陆分"，￥350.76写成"人民币叁佰伍拾元柒角陆分"或"人民币叁佰伍拾元零柒角陆分"，￥350.06写成"人民币叁佰伍拾元零陆分"。

（4）整数收尾，没有角分时，须加"整"字样。例如：￥200.00写成"人民币贰佰元整"，￥210.00写成"人民币贰佰壹拾元整"。

（5）壹拾几的"壹"字不得漏写。例如：￥15.00写成"人民币壹拾伍元整"，￥130 000.00写成"人民币壹拾叁万元整"，不可写成"人民币拾伍元整"或"人民币拾叁万元整"。

（6）大写数字不能漏写或错写数字，否则必须重新填写凭据。

### 3．小写金额的书写

（1）没有数位分割线的凭证账表的标准写法。

① 阿拉伯金额数字前面应当书写货币币种符号或者货币名称简写，币种符号和阿拉伯数字之间不得留有空白。凡阿拉伯数字前写出币种符号的，数字后面不再写货币单位。

② 以元为单位的阿拉伯数字，除表示单价等情况外，一律写到角分；没有角分的角位和分位可写出"00"或者"—"；有角无分的，分位应当写出"0"，不得用"—"代替。

③ 只有分位金额的，在元和角位各写一个"0"字，并在元与角之间点一个小数点，如"￥0.06"。

④ 元以上每三位要空出半个阿拉伯数字的位置书写，例如：￥5 647 108.92；也可以三位一节用"分位号（,）"分开，例如：￥5,647,108.92。

（2）有数位分割线的凭证账表的标准写法（见图7-2）。

① 对应固定的位数填写，不得错位。

② 只有分位金额的，在元和角位上均不得写"0"字。

③ 只有角位或角分位金额的，在元位上不得写"0"字。

④ 分位是"0"的，在分位上写"0"字，角分位都是"0"的，在角分位上各写一个"0"字。

图 7-2    有数位分割线的凭证账表的标准写法

### 4．大小写金额书写示例

大小写金额书写示例如表7-1所示。

表 7-1    大小写金额书写示例

| 会计凭证账表的小写金额栏 | | | | | | | | 原始凭证上的大写金额栏 |
| 没有数位分割线 | 有数位分割线 | | | | | | | |
| | 万 | 千 | 百 | 十 | 元 | 角 | 分 | |
|---|---|---|---|---|---|---|---|---|
| ￥0.08 | | | | | | | 8 | 人民币捌分 |
| ￥0.60 | | | | | | 6 | 0 | 人民币陆角整 |
| ￥2.00 | | | | | 2 | 0 | 0 | 人民币贰元整 |
| ￥17.08 | | | | 1 | 7 | 0 | 8 | 人民币壹拾柒元零捌分 |
| ￥630.06 | | | 6 | 3 | 0 | 0 | 6 | 人民币陆佰叁拾零元零角陆分 |
| ￥4,020.70 | | 4 | 0 | 2 | 0 | 7 | 0 | 人民币肆仟零贰拾元柒角整 |
| ￥15,006.09 | 1 | 5 | 0 | 0 | 6 | 0 | 9 | 人民币壹万伍仟零陆元零玖分 |
| ￥13,000.40 | 1 | 3 | 0 | 0 | 0 | 4 | 0 | 人民币壹万叁仟零佰零拾零元肆角整 |

### 5．有关票据填写的基本规定

票据的出票日期必须使用中文大写数字。为防止变造票据的出票日期，在填写月、日时，月为壹、贰和壹拾的，日为壹至玖和壹拾的，应在其前加"零"字，日为拾壹至拾玖和贰拾的，应在其前加"壹"字。例如：1月15日应写为"零壹月壹拾伍日"，10月20日应写为"零壹拾月零贰拾日"。

票据出票日期使用小写数字书写的，银行不予受理。大写日期未按要求规范填写的，银行可予受理，但由此造成损失的，由出票人自行承担。

## 7.2 票据的鉴别

### 1．票据的概念及种类

广义的票据，泛指各种有价证券，如债券、股票、提单等。

狭义的票据仅指以支付金钱为目的的有价证券，即出票人根据《中华人民共和国票据法》签发的，由自己无条件支付确定金额或委托他人无条件支付确定金额给收款人或持票人的有价证券。在我国，票据即支票、汇票及本票的统称。

下面主要介绍这三种票据的书写规范。

（1）支票。常见支票（见图7-3）分为现金支票和转账支票，在支票正面上方有明确标注。现金支票只能用于支取现金（限同城内），转账支票只能用于转账（限同城内）。

支票的填写规范如下。

① 出票日期（大写）：数字必须大写，大写数字写法为零、壹、贰、叁、肆、伍、陆、柒、捌、玖、拾。

壹月、贰月前"零"字必写，叁月至玖月前"零"字可写可不写。拾月至拾贰月必须写成壹拾月、壹拾壹月、壹拾贰月（前面多写了"零"字也认可，如零壹拾月）。

壹日至玖日前"零"字必写，拾日至拾玖日必须写成壹拾日及壹拾×日（前面多写了"零"字也认可，如零壹拾伍日，下同），贰拾日至贰拾玖日必须写成贰拾日及贰拾×日，叁拾日至叁拾壹日必须写成叁拾日及叁拾壹日。

举例：

2015年8月5日写成"贰零壹伍年捌月零伍日"；

2016年2月13日写成"贰零壹陆年零贰月壹拾叁日"。

② 收款人：现金支票收款人可写为本单位名称，此时现金支票背面"被背书人"栏内加盖本单位的财务专用章和法人章，之后收款人可凭现金支票直接到开户银行提取现金（由于有的银行各营业点联网，所以也可到联网营业点取款，具体要据联网覆盖范围而定）。

现金支票收款人可写为收款人个人姓名，此时现金支票背面不盖任何章，收款人在现金支票背面填上身份证号码和发证机关名称，凭身份证和现金支票签字领款。

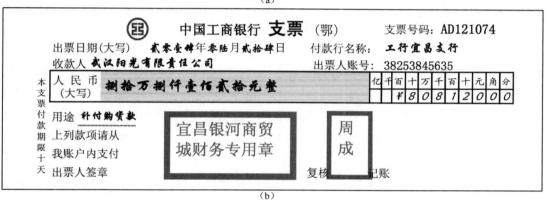

图 7-3　常见支票

转账支票收款人应填写为对方单位名称，转账支票背面本单位不盖章。收款单位取得转账支票后，在支票背面"被背书人"栏内加盖收款单位财务专用章和法人章，填写好银行进账单后连同该支票交给收款单位的开户银行，委托银行收款。

③ 付款行名称、出票人账号：本单位开户银行名称及银行账号，如工商银行高新支行九莲分理处、1202027409900088888（账号要小写）。

④ 人民币（大写）：数字大写写法为零、壹、贰、叁、肆、伍、陆、柒、捌、玖、亿、万、仟、佰、拾。

举例：

￥289,546.52 在"人民币（大写）"后写成"贰拾捌万玖仟伍佰肆拾陆元伍角贰分"；

￥7,560.31 在"人民币（大写）"后写成"柒仟伍佰陆拾元零叁角壹分"；

（此时"陆拾元零叁角壹分"中的"零"字可写可不写）

￥532.00 在"人民币（大写）"后写成"伍佰叁拾贰元整"；

￥425.03 在"人民币（大写）"后写成"肆佰贰拾伍元零叁分"；

￥325.20 在"人民币（大写）"后写成"叁佰贰拾伍元贰角"。

（"角"字后面可加"整"字，但不能写"零分"，比较特殊）

⑤ 人民币小写：最高金额的前一位空白格用"￥"打头，数字填写要求完整清楚。

⑥ 用途：现金支票有一定的限制，一般填写"备用金"、"差旅费"、"工资"、"劳务费"等。转账支票没有具体的规定，可填写如"货款"、"代理费"等。

⑦ 盖章：支票正面盖财务专用章和法人章，缺一不可，印泥为红色，印章必须清晰，印章模糊只能将本张支票作废，换一张重新填写、重新盖章。

⑧ 常识：支票正面不能有涂改痕迹，否则本支票作废。受票人如果发现支票填写不全，可以补记，但不能涂改。

（2）汇票。

① 银行汇票：出票银行签发的，由其在见票时按照实际结算金额无条件支付给收款人或者持票人的票据。银行汇票的出票银行为银行汇票的付款人。

单位和个人的各种款项结算，均可使用银行汇票。

银行汇票可以用于转账，填明"现金"字样的银行汇票也可以用于支取现金。

银行汇票的出票和付款，全国范围限于中国人民银行和各商业银行参加"全国联行往来"的银行机构办理。跨系统银行签发的转账银行汇票的付款，应通过同城票据交换将银行汇票和解讫通知提交给同城的有关银行审核支付后抵用。代理付款人不得受理未在本行开立存款账户的持票人为单位直接提交的银行汇票。省、自治区、直辖市内和跨省、市的经济区域内银行汇票的出票和付款，按照有关规定办理。

银行汇票的代理付款人是代理本系统出票银行或跨系统签约银行审核支付汇票款项的银行。

签发银行汇票必须记载下列事项：表明"银行汇票"的字样；无条件支付的承诺；出票金额；付款人名称；收款人名称；出票日期；出票人签章。欠缺记载上列事项之一的，银行汇票无效。

银行汇票的提示付款期限为自出票日起1个月。持票人超过付款期限提示付款的，代理付款人不予受理。

银行承兑汇票如图7-4所示。

② 商业汇票：出票人签发的，委托付款人在指定日期无条件支付确定的金额给收款人或者持票人的票据。

商业汇票分为商业承兑汇票和银行承兑汇票。商业承兑汇票由银行以外的付款人承兑。银行承兑汇票由银行承兑。

商业汇票的付款人为承兑人。

在银行开立存款账户的法人及其他组织之间，必须具有真实的交易关系或债权债务关系，才能使用商业汇票。

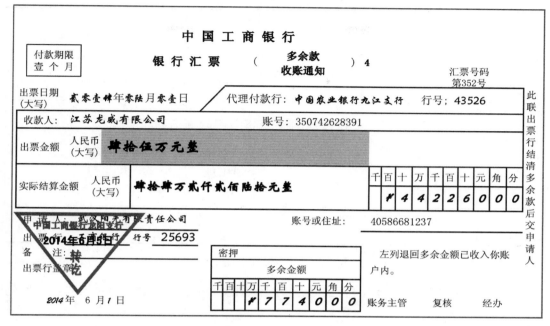

图 7-4　银行承兑汇票

商业承兑汇票的出票人，为在银行开立存款账户的法人及其他组织，与付款人具有真实的委托付款关系，具有支付汇票金额的可靠资金来源。

商业承兑汇票的出票人必须具备下列条件：在承兑银行开立存款账户的法人及其他组织；与承兑银行具有真实的委托付款关系；资信状况良好，具有支付汇票金额的可靠资金来源。

出票人不得签发无对价的商业汇票，用以骗取银行或者其他票据当事人的资金。

签发商业汇票必须记载下列事项：表明"商业承兑汇票"或"银行承兑汇票"的字样；无条件支付的委托；确定的金额；付款人名称；收款人名称；出票日期；出票人签章。欠缺记载上列事项之一的，商业汇票无效。

（3）本票。银行本票分为定额银行本票和不定额银行本票两种，其格式如图 7-5 和图 7-6 所示。

图 7-5　定额银行本票格式

```
┌─────────────────────────────────────────────────────────────────────────┐
│                          中国××银行                                        │
│  ┌────────┐                                                  本票号码        │
│  │ 付款期  │                              本票                第   号        │
│  │ 贰个月  │                         签发日期（大写）          年 月 日       │
│  ├────────┴──────────────────────────────────────────────────────────┐   │
│  │ 收款人：                                                           │   │
│  ├──────────────────────────────────────────────────────────────────┤   │
│  │ 凭票即付（人民币）（大写）                                           │   │
│  │  ┌────────┬────────┐          ┌──────────────────────────────┐    │   │
│  │  │  转账  │  现金  │          │ 科目（付）_____      │    │   │
│  │  └────────┴────────┘          │ 双方科目（收）_____     │    │   │
│  │                               │ 兑付日期        年 月 日       │    │   │
│  │                               │ 出纳     复核        经办      │    │   │
│  │                               └──────────────────────────────┘    │   │
│  ├──────────────────────────────────────────────────────────────────┘   │
│  │ 此区域供打印磁性字码                                                     │
└─────────────────────────────────────────────────────────────────────────┘
```

图 7-6　不定额银行本票格式

银行本票是银行签发的,承诺自己在见票时无条件支付确定的金额给收款人或者持票人的票据。

单位和个人在同一票据交换区域需要支付各种款项,均可以使用银行本票。

银行本票可以用于转账,注明"现金"字样的银行本票可以用于支取现金。

银行本票的出票人,为经中国人民银行当地分支银行批准办理银行本票业务的银行机构。

签发银行本票必须记载下列事项:表明"银行本票"的字样;无条件支付的承诺;确定的金额;收款人名称;出票日期;出票人签章。欠缺记载上列事项之一的,银行本票无效。

**2.票据的鉴别常识**

（1）银行汇票、银行承兑汇票、商业承兑汇票、银行本票、支票凭证使用含有无色荧光纤维、有色纤维的纸张,背面均加印防伪二维标识码,在专用的紫光灯下有微弱的绿色荧光反应。

（2）现金支票、转账支票用满版人民币符号和汉语拼音"ZP"图案的专用水印纸,银行汇票、银行承兑汇票、商业承兑汇票、银行本票、凭证使用满版花朵和汉语拼音"HP"组成的新水印图案。

（3）银行承兑汇票、凭证底纹颜色按行别分色,其颜色与银行汇票底纹颜色相同,并在汇票凭证左上角印明各行行徽。

（4）城市商业银行和信用社使用的银行承兑汇票、凭证分别在汇票左上角印明"CH"、"XH"徽记。

**3.票据的特征**

（1）票据是具有一定权力的凭证:付款请求权、追索权。

（2）票据的权利与义务是不存在任何原因的,只要持票人拿到票据后,就已经取得票据所赋予的全部权力。

（3）各国的票据法都要求对票据的形式和内容保持标准化和规范化。

（4）票据是可流通的证券。除了票据本身的限制外，票据可以凭背书和交付而转让。

 **实训园地**

**【实训一】阿拉伯数字的书写**

实训目的：通过实训使学生掌握阿拉伯数字的标准写法，做到书写规范、清晰、流畅。

实训要求：按照标准写法进行书写练习，直至书写规范、流畅，指导教师认可。练习时可用"会计数字练习用纸 1"（见表 7-2），也可用账页进行书写。

**【实训二】汉字大写数字的书写**

实训目的：通过实训使学生掌握汉字大写数字的标准写法，做到书写规范、流畅。

实训要求：按照标准写法进行书写练习，直至书写规范、流畅，指导教师认可。练习时可用"会计数字练习用纸 2"（见表 7-3），也可用账页进行书写。

**【实训三】大小写金额的书写**

实训目的：掌握大小写金额的标准写法，做到书写规范、清晰、流畅。

实训要求：按照标准写法进行书写练习，直至书写规范、流畅，指导教师认可。练习时可用"大小写金额书写训练用纸"（见表 7-4），也可用账页进行书写。

实训资料：2012 年 1 月份现金和银行存款收付业务的发生额。

（1）￥0.70　　　　（2）￥0.90　　　　（3）￥16.05

（4）￥84.00　　　　（5）￥150.65　　　（6）￥6,430.08

（7）￥80,004.73　　（8）￥131,000.40　　（9）￥109,806.50

请根据上述资料在表 7-4 中书写大小写金额。

表 7-2　会计数字练习用纸 1

姓名：_____　　　　　　班级：_____　　　　　　___年___月___日

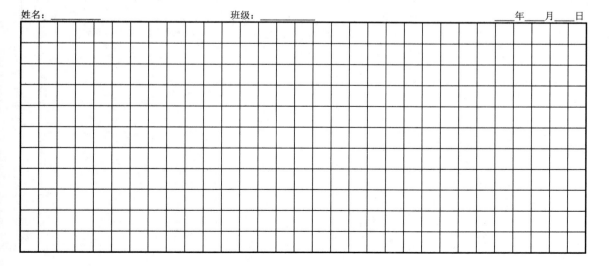

续表

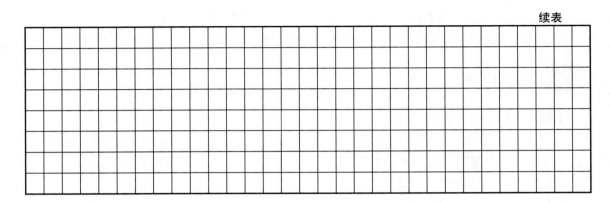

表 7-3　会计数字练习用纸 2

姓名：_____　　　　　　　　班级：_____　　　　　　　　____年___月___日

| | | | | | | | | | | | | |
|---|---|---|---|---|---|---|---|---|---|---|---|---|
| | | | | | | | | | | | | |
| | | | | | | | | | | | | |
| | | | | | | | | | | | | |
| | | | | | | | | | | | | |
| | | | | | | | | | | | | |
| | | | | | | | | | | | | |
| | | | | | | | | | | | | |
| | | | | | | | | | | | | |
| | | | | | | | | | | | | |
| | | | | | | | | | | | | |

表 7-4　大小写金额书写训练用纸

| 会计凭证、账表上的小写金额 | | | | | | | | | 原始凭证上的大写金额栏 |
|---|---|---|---|---|---|---|---|---|---|
| 没有数位分割线 | 有数位分割线 | | | | | | | | |
| | 十 | 万 | 千 | 百 | 十 | 元 | 角 | 分 | |
| | | | | | | | | | |
| | | | | | | | | | |
| | | | | | | | | | |
| | | | | | | | | | |
| | | | | | | | | | |
| | | | | | | | | | |
| | | | | | | | | | |
| | | | | | | | | | |
| | | | | | | | | | |

【**实训四**】某单位 2014 年 3 月 1 日从银行提取现金 3500 元备用，请帮单位出纳填写好支票（见图 7-7）。

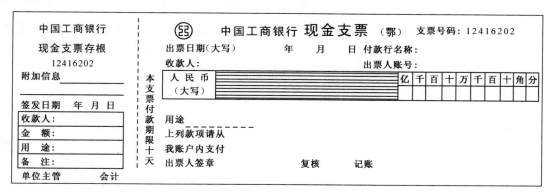

图 7-7　现金支票

 **知识链接**

### 1. 虚假票据的鉴别

（1）"大头小尾"票据。这种发票一般是购物者与商家串通的，不写品名、大写位不封顶、小写位不写"￥"，然后在"百、千、万"位上自填数额，从正面有时可以以假乱真。对此票据的鉴别方法是反过来看笔迹、笔画轻重、数字排列是否整齐，从这些方面总是能看出破绽的。

（2）连号票据。这类票据可从日期和票号上看，一般连号票据的编号与日期相互矛盾，有的日期在前而编号在后或日期在后而编号在前，自相矛盾。

（3）过期票据。一般从年号、格式、纸质上可鉴别真伪，这种票据容易在一个单位或一个部门出现，一般连号的比较多，纸质较黄。

（4）直接撕下后自填票据。字体生硬做作，笔画细而不畅，品名、单位、数量及大小写金额错位较多，票据背面没有复写痕迹。自带复写票据的自带颜色不一，一般是将同一张票据左边裁下一小条再复写，这种票据比正常票据要短而左边齐整，有时还会出现字体笔画不连贯，有间隔断线的情况。

### 2. 对"白条子"票据的认定

所谓"白条子"是指应该取得而没有取得正规票据的现象。如采购办公设备、文化用品等应在正规商场（店）发生业务，能够取得正规票据而使用收据或"白条子"报销的。在农贸集市上采购的水果、蔬菜，在老乡家里购买的树苗、花种、农家肥、柴火或需要直接付给个人的劳务费等确实不能取得正规票据的，若数量不是很大，并符合情理且手续齐全的手写收据，应视为正规票据。

### 3．票据鉴别仪及放大镜使用技巧

短波键：主要用于观察票据背后的二维标识码，有微弱的绿色荧光反应。

水印键：主要用于观察票据凭证新水印图案，为满版花朵和汉语拼音"HP"，图案清晰。

长波键：主要用于观察票据正面的荧光图案，图案清晰、亮度高。

放大镜：主要用于观察票据的底纹、金额大写字迹、印鉴及签名等。

# 附录 A 职业院校财经商贸专业计算器运用技能考核标准

**一、理论考核标准（应知部分）**

1．了解计算器的发展及基本结构，了解计算器的种类，掌握计算器屏幕不同字符显示的含义。

2．了解计算器的基本操作知识，了解小型电子计算器键盘的四大区域，掌握计算器键盘结构，掌握录入数据时的指法分工，掌握盲打练习、操作姿势与指法。

3．掌握操作按键的正确方法。为了避免计算器在使用过程中由于使用不当导致发生错误，按键时必须注意：放置平稳后按键、按键用力要适中、按键要垂直用力、一次只能按一个键。

4．掌握眼手的配合技能。看数：计算器运算，首先遇到的是看数。看数是否快与准直接影响以后计算的速度和准确率。看数一般从位数较少的开始，循序渐进。最好一开始就养成一眼看一笔数的好习惯，如果不能这样，也可以分节看数。看数时万、千、百、十、个等位数和元、角、分等单位可不记，如 487,683.25 可一次看完记住，也可分为 487—683.25 看，还可分为 487—683—25 看，分节次数越少越有利于运算速度的提高。

5．掌握账表算的基础知识。账表算是在日常经济工作中应用较多、要求较高的一项计算业务。在经济业务中，企业部门的会计核算、统计报表、财务分析、计划检查等业务活动，其报表资料的数字来源都是通过会计凭证的计算、汇总而获得的。账表算是财会工作者日常工作中一项很重要的基本功。

6．掌握传票算的运算特点。根据传票算的运算特点，比赛时除用计算器外，另需一张传票算试题答案纸。传票算每 20 页为一题，规定打某一行数字的合计。采用限时不限量的比赛方法，每场 10 分钟，计算正确每一题得 15 分。

7．掌握票币算的基础知识。票币计算技能是会计综合技能的重要内容之一，它是在票币整点的过程中，利用计算器将不同面值的票币乘以其数量，然后进行汇总的一种专业技能。它被广泛应用于银行柜面、收银、出纳会计现金收付、配款等工作方面。

学习使用计算器，首先要掌握基本要领，基本要领掌握得好，可以达到事半功倍的效果。

## 二、实操考核标准（应会部分）

### 计算器技术等级鉴定标准

| 项　　目 ＼ 等　级 | | 普　通　级 | | |
|---|---|---|---|---|
| | | 一级 | 二级 | 三级 |
| 加减算 | 题数 | 10题（15笔数/题） | | |
| | 每题字数 | 90 | 70 | 70 |
| | 总字数 | 900 | 700 | 700 |
| | 要求合格题数 | 9 | 8 | 6 |
| 传票算 | 题数 | 10题（20页/题） | | |
| | 每题字数 | 110 | 110 | 110 |
| | 总字数 | 1,100 | 1,100 | 1,100 |
| | 要求合格题数 | 9 | 8 | 6 |
| 票币算 | 题数 | 5题 | | |
| | 每题字数 | 每题：13种票币分类汇总累加合计数 | | |
| | 要求合格题数 | 5 | 4 | 3 |
| 说明 | 1．试卷为加减算、传票算、票币算综合试卷，采用限时（20分钟）限量（普通级25题）方式；<br>2．合格等级的确定：加减算、传票算、票币算三项考核，依最低的一项对题数确定级别，不能以三项的平均对题数或总对题数确定级别 | | | |

# 附录 B 职业院校财经商贸专业点钞技能考核标准

学习点钞，首先要掌握基本要领，基本要领掌握得好，可以达到事半功倍的效果。手工点钞的基本要求如下。

## 一、理论考核标准（应知部分）

1. 坐姿端正。点钞员的坐姿应体现出饱满的精神状态、积极热情的工作要求。坐姿端正会使点钞技能充分发挥。正确的坐姿应该是直腰挺胸，双脚平放地面，全身肌肉放松，两小臂置于桌面边缘，左手腕部紧贴桌面，右手微微抬起，手指活动自如，轻松持久。

2. 用品定位。用品包括点钞券、挡板（书立）、海绵缸、甘油、捆钞条（扎条）、名章、笔等。

（1）点钞员首先应整理钞券，将其整齐地码放于桌面左侧挡板前方。

（2）将海绵缸、甘油、扎条、名章、笔等，按顺序摆放于桌面中央正前方位置。

（3）将清点好的钞券捆扎盖章后整齐地码放于桌面右侧。

3. 开扇均匀。清点钞券前，要将票面打开成扇形，使钞券有一个坡度，便于捻动。开扇均匀是指每张钞券的间隔距离必须一致，使之在捻钞过程中不易夹张。

4. 点数准确。点钞是一项心手合一，手、眼、脑高度配合、协调一致的严谨性工作。清点准确是点钞的关键环节，也是对点钞技术的基本要求。为保证清点的准确性，应运用规范的指法，指法规范既可提高清点的准确率，又可提高清点速度。清点时要求做到以下几点。

（1）精神集中、全神贯注。

（2）坚持定性操作、机器复核。

（3）双手点钞，眼睛看钞，脑中计数，手、眼、脑高度配合。

5. 扎把牢固。将清点完的每一百张钞券捆扎为一小把，要求做到：扎小把以提起把中第一张不被抽出为合格。

6. 盖章清晰。点钞员清点钞券后均要盖章，扎条上的名章是分清责任的标记，名章要清晰可辨。

7．动作连贯。这是保证点钞质量和提高点钞效率的必要条件，点钞过程的各个环节（起把、清点、扎把、拆把、盖章）必须密切配合、环环相扣，清点中双手动作要求协调流畅、娴熟规范，速度均匀且避免不必要的小动作。

8．快速整洁。快速是指要求在清点准确的基础上提高清点和捆扎速度，整洁是指点钞程序完成后，桌面物品应摆放有序、干净整齐。

以上是钞券清点的 32 字要求，只有在点钞中做到上述基本要求，才能在办理现金的收付与整点时做到准、快、好。

## 二、实操考核标准（应会部分）

### 点钞技能考核标准

| 标准及项目 | | 单 指 单 张 | | 多 指 多 张 | |
|---|---|---|---|---|---|
| | | 散把 | 整把 | 散把 | 整把 |
| 普通级（5 分钟） | 三级 | 400 | 500 | 600 | 800 |
| | 二级 | 500 | 600 | 800 | 900 |
| | 一级 | 700 | | 1,000 | |
| 能手级（10 分钟） | 三级 | 1,800 | | 3,000 | |
| | 二级 | 2,000 | | 3,400 | |
| | 一级 | 2,400 | | 4,000 | |

（要求 100% 准确，单位：张）

# 参考文献

[1] 崔栋. 珠算与点钞. 北京：高等教育出版社，2003.

[2] 徐雷，张莉. 珠算与点钞学习指导与练习. 北京：高等教育出版社，2009.

[3] 雷玉华. 点钞与计算技术. 北京：中国物资出版社，2008.

[4] 王玉玲. 点钞与账表算. 北京：高等教育出版社，2009.

[5] 蔡宝兰. 财经基本技能. 北京：电子工业出版社，2007.

[6] 林云刚，朱建君. 出纳岗位实务. 北京：电子工业出版社，2007.

[7] 罗荷英，周红缨. 计算技术与点钞. 大连：东北财经大学出版社，2009.

[8] 何冯虚. 模拟银行业务实训. 北京：高等教育出版社，2006.

[9] 于家臻. 收银员基础知识. 北京：高等教育出版社，2008.

[10] 编写组. 卖场岗位实习. 北京：高等教育出版社，2006.

[11] 反假货币人人有责 制贩假币国法不容. 四川农村日报，2006-06-07.